助力乡村振兴出版计划

【现代农业科技与管理系列】

# 耕地质量提升技术

主　编　郭熙盛　武际

U0396128

时代出版传媒股份有限公司
安徽科学技术出版社

**图书在版编目（CIP）数据**

耕地质量提升技术 / 郭熙盛,武际主编. --合肥:安徽科学技术出版社,2022.12

助力乡村振兴出版计划.现代农业科技与管理系列

ISBN 978-7-5337-6898-0

Ⅰ.①耕… Ⅱ.①郭…②武… Ⅲ.①耕作土壤-土壤管理 Ⅳ.①S155.4

中国版本图书馆 CIP 数据核字(2022)第 200034 号

**耕地质量提升技术**　　　　　　　　　　　　　　　　　主编　郭熙盛　武　际

出　版　人:丁凌云　　　　　　　　选题策划:丁凌云　蒋贤骏　余登兵

责任编辑:王爱菊　高　明　　　　　责任校对:戚革惠

责任印制:李伦洲　　　　　　　　　装帧设计:王　艳

出版发行:安徽科学技术出版社　　　　http://www.ahstp.net

（合肥市政务文化新区翡翠路 1118 号出版传媒广场,邮编:230071）

电话:（0551)63533330

印　　　制:安徽联众印刷有限公司　　电话:(0551)65661327

（如发现印装质量问题,影响阅读,请与印刷厂商联系调换）

开本:720×1010　1/16　　　印张:10　　　字数:160 千

版次:2022 年 12 月第 1 版　　　2022 年 12 月第 1 次印刷

ISBN 978-7-5337-6898-0　　　　　　　　　定价:43.00 元

# 出版说明

"助力乡村振兴出版计划"(以下简称"本计划")以习近平新时代中国特色社会主义思想为指导，是在全国脱贫攻坚目标任务完成并向全面推进乡村振兴转进的重要历史时刻，由中共安徽省委宣传部主持实施的一个重点出版项目。

本计划以服务乡村振兴事业为出版定位，围绕乡村产业振兴、人才振兴、文化振兴、生态振兴和组织振兴展开，由《现代种植业实用技术》《现代养殖业实用技术》《新型农民职业技能提升》《现代农业科技与管理》《现代乡村社会治理》五个子系列组成，主要内容涵盖特色种植业及病虫害绿色防控技术、特色养殖业和疾病防控技术、集体经济发展、休闲农业和乡村旅游融合发展、新型农业经营主体培育、农村环境生态化治理、农村基层党建等。选题组织力求满足乡村振兴实务需求，编写内容努力做到通俗易懂。

本计划的呈现形式是以图书为主的融媒体出版物。图书的主要读者对象是新型农民、县乡村基层干部、"三农"工作者。为扩大传播面、提高传播效率，我们与图书出版同步，配套制作了部分精品音视频，在每册图书封底放置二维码，供扫码使用，以适应广大农民朋友的移动阅读需求。

本计划的编写和出版，代表了当前农业科研成果转化和普及的新进展，凝聚了乡村社会治理研究者和实务者的集体智慧，在此谨向有关单位和个人致以衷心的感谢！

虽然我们始终秉持高水平策划、高质量编写的精品出版理念，但因水平所限，仍会有诸多不足和错漏之处，敬请广大读者提出宝贵意见和建议，以便修订再版时改正。

# 本册编写说明

耕地是社会经济发展最重要的基础资源之一，耕地质量水平关系到国家粮食安全、农产品质量安全以及社会经济的可持续发展。目前，我国耕地质量总体偏低，耕地土壤退化、局部土壤污染较为严重，障碍因素复杂多样。所以，提升耕地地力水平，加强耕地质量保护，加快建设高标准农田，对我国粮食安全、环境安全和生态安全建设等具有重要的意义。

耕地质量提升技术是从耕地质量内涵(耕地的土壤质量、空间地理质量、管理质量和经济质量)出发而形成的。本书共分8章，较为详细地介绍了耕地质量的内涵与外延、耕地质量状况；通过分析作物秸秆、畜禽粪污和绿肥作物资源现状，阐明了作物秸秆、畜禽粪污和绿肥作物资源化利用的培肥土壤和减肥增产效果，并提出了作物秸秆、畜禽粪污和绿肥作物相应的利用模式和利用技术要点；在初步解析和评价酸性土壤和重金属污染土壤的成因与影响因素的基础上，归纳了酸性土壤改良与重金属污染土壤修复技术措施。此外，本书还扼要介绍了与耕地质量相关的高标准农田建设目标、内容，并说明了不同区域的建设重点与成效。本书所涉及的耕地质量提升技术内容丰富、先进实用、可操作性强，既适于相关技术人员借鉴参考，也适于新型农民、县乡村基层干部、"三农"工作者阅读应用。

本书既收集了作者科研团队的研究成果，也借鉴和吸收了国内诸多学者的科研成果和学术观点，在此不逐一标注，谨此致谢。

# 目　录

# 第一章 ▶ 耕地质量的内涵与外延

## ▶ 第一节 耕 地

### 一 概念

根据中华人民共和国国家标准《土地利用现状分类》(GB/T 21010—2017)，耕地是指种植农作物的土地，包括熟地，新开发、复垦、整理地，休闲地(含轮歇地、休耕地)；以种植农作物(含蔬菜)为主，间有零星果树、桑树或其他树木的土地，平均每年能保证收获一季的已垦滩地和海涂。耕地中包括南方地区宽度<1.0米、北方地区宽度<2.0米固定的沟、渠、路和地坎(埂)；临时种植药材、草皮、花卉、苗木等的耕地，临时种植果树、茶树和林木且耕作层未被破坏的耕地，以及其他临时改变用途的耕地。

耕地又可再分为水田、水浇地和旱地。其中，水田是指用于种植水稻、莲藕等水生农作物的耕地，包括实行水生、旱生农作物轮种的耕地；水浇地是指有水源保证和灌溉设施，在一般年景能正常灌溉，种植旱生农作物(含蔬菜)的耕地，包括种植蔬菜的非工厂化的大棚用地；旱地是指无灌溉设施，主要靠天然降水种植旱生农作物的耕地，包括没有灌溉设施，仅靠引洪淤灌的耕地。

### 二 数量红线

"万物土中生，有土斯有粮。"耕地事关国计民生，是粮食生产的根基和载体，是实现国家粮食安全的基础和保障。耕地数量红线是指在现有

农业生产技术、管理与投入水平下,为保障粮食及主要农产品安全供给应保有的耕地面积最低值。我国18亿亩(1.2亿公顷)耕地红线是在全国粮食消费需求总量6亿~7亿吨预期,以及国内国外资源统筹利用背景下提出的。随着人口数量增长,消费结构加快转型升级,我国粮食生产能力必须至少保持现有水平才能守住粮食安全线。《中华人民共和国国民经济和社会发展第十四个五年规划和2035年远景目标纲要》指出,坚持最严格的耕地保护制度,强化耕地数量保护和质量提升,严守18亿亩耕地红线,遏制耕地"非农化"、防止"非粮化",规范耕地"占补平衡"。耕地可持续利用,在不断满足人类所需的同时,也可提供健康的生活环境,是实施乡村振兴战略和生态文明建设的有效保障。可以这么说,保耕地就是保生存、保发展、保未来。

## 第二节　耕地质量

确保国家粮食安全一直是我国"三农"领域关注的重点。我国粮食生产保持了"十八连丰",多年粮食总产量一直稳定在6.5亿吨以上,依靠全球7%的耕地资源,养活了世界约20%的人口,创造了举世瞩目的成就,可以说,耕地质量是实现这一目标的基础。耕地质量不仅关系到国家粮食安全,而且关系到农产品安全和生态安全,是保障社会经济可持续发展的必要基础。

### 一　概念

耕地质量是指耕地的自然、环境和经济等因素的总和,其内涵包括耕地的土壤质量、空间地理质量、管理质量和经济质量等四个方面。具体而言,耕地的土壤质量(耕地质量的基础)是指土壤在生态系统的范围内,维持生物的生产力、保护环境质量以及促进动植物和人类健康的能力;耕地的空间地理质量是指耕地所处位置的地形地貌、地质、气候、水文、空间区位等环境状况;耕地的管理质量是指人类对耕地的影响程度,如耕地的平整化、水利化和机械化水平等;耕地的经济质量是指耕地的综合产出能力和产出效率,是耕地土壤质量、空间地理质量和管理质量综合作用的结果,是反映耕地质量的一个综合性指标。

## 二 耕地质量等级划分与流程

耕地质量等级划分是从农业生产角度出发,通过综合指数法对耕地地力水平、土壤健康状况和田间基础设施构成的满足农产品持续产出和质量安全的能力进行评价划分出的等级。

### 1.耕地质量指标

耕地质量指标由基础性指标和区域性补充指标组成。其中,基础性指标包括地形部位、有效土层厚度、有机质含量、耕层质地、土壤容重、质地构型、土壤养分状况、生物多样性、清洁程度、障碍因素、灌溉能力、排水能力、农田林网化率等13个指标;区域补充性指标包括耕层厚度、田面坡度、盐渍化程度、地下水埋深、酸碱度、海拔高度等6个指标。

### 2.划分流程

耕地质量等级划分流程如图1-1所示。首先是收集野外调查资料、测试化验分析资料、基础图件、统计数据等,然后采用土壤图、土地利用现状图和行政区划图的组合叠置方法划分评价单元,科学获取评价单元数据。接着,按内梅罗综合污染指数判断耕地清洁程度,如果判定为清洁、不存在污染,则依据规定的指标体系,建立耕地质量等级评价指标层次结构,应用特尔斐法与层次分析法相结合的方法,确定指标权重。对概念型数据,直接采用特尔斐法给出隶属度;对其他数值型数据,应用特尔斐法评估各参评指标等级数值对耕地质量及作物生长的影响,确定其对应的隶属度。采用累加法计算各评估单元的耕地质量综合指数。最后,采用等距离法将耕地质量划分为10个等级。

耕地质量10个质量等级中,质量综合指数越大,耕地质量水平越高。其中,一等耕地质量最高,十等耕地质量最低。评价为一至三等的,耕地基础地力较高,障碍因素不明显,应按照用养结合方式开展农业生产,确保耕地质量稳中有升;评价为四至六等的,耕地所处环境气候条件基本适宜,农田基础设施条件相对较好,障碍因素较不明显,是今后粮食增产的重点区域和重要突破口;评价为七至十等的,耕地基础地力相对较差,生产障碍因素突出,短时间内较难得到根本改善,应持续开展农田基础

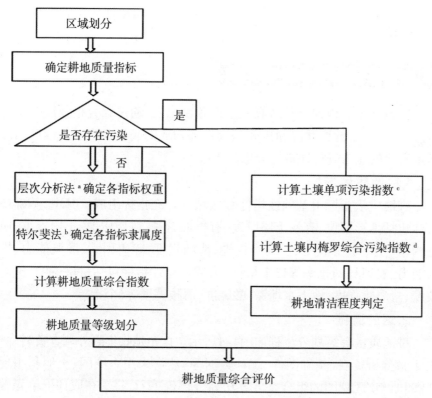

a—层次分析法是将与决策总是有关的元素分解成目标、准则、方案等层次,在此基础之上进行定性和定量分析的决策方法;b—特尔斐法是采用背对背的通信方式征询专家小组成员的预测意见,经过几轮征询,使专家小组的预测意见趋于集中,最后做出符合发展趋势的预测结论;c—土壤单项污染指数是土壤污染物实测值与土壤污染物质量标准的比值,具体计算方法见HJ/T 166;d—内梅罗综合污染指数反映了各污染物对土壤的作用,同时突出了高浓度污染物对土壤环境质量的影响,具体计算方法见HJ/T 166。

图1-1 耕地质量等级划分流程

设施建设和耕地内在质量建设。

　　根据全国综合农业区划,结合不同区域耕地特点、土壤分布特征,安徽省沿淮、淮北地区归属黄淮海区,黄淮海区耕地质量等级划分指标如表1-1所示;江淮、沿江和皖南地区归属长江中下游区,长江中下游区耕地质量等级划分指标如表1-2所示。

表1-1 黄淮海区耕地质量等级划分指标

| 指标 | | 等级 | | | | | | | | | |
|---|---|---|---|---|---|---|---|---|---|---|---|
| | | 一等 | 二等 | 三等 | 四等 | 五等 | 六等 | 七等 | 八等 | 九等 | 十等 |
| 地形部位 | | 交接洼地、微斜平原、山前平原、缓平坡地、冲洪积扇 | | | 交接洼地、微斜平地、缓平坡地、平原高阶、丘陵下部、丘陵中部、河滩高地 | | | 滨海低平地、河滩高地、坡地上部、丘陵上部 | | | |
| 有效土层厚度/厘米 | | ≥100 | | | 60～100 | | | <60 | | | |
| 有机质含量/（克/千克） | | ≥12 | | | 10～20 | | | <12 | | | |
| 耕层质地 | | 中壤、重壤、轻壤 | | | 砂土、砂壤、重壤、黏土 | | | 砂土、砂壤、黏土 | | | |
| 土壤容重 | | 适中 | | | | | | 偏轻或偏重 | | | |
| 质地构型 | | 上松下紧型、海绵型 | | | 松散型、紧实型、夹黏型 | | | 夹砂型、上紧下松型、薄层型 | | | |
| 土壤养分状况 | | 最佳水平 | | | 潜在缺乏或养分过量 | | | 养分贫瘠 | | | |
| 土壤健康状况 | 生物多样性 | 丰富 | | | 一般 | | | 不丰富 | | | |
| | 清洁程度 | 清洁、尚清洁 | | | | | | | | | |
| 障碍因素 | | 无 | | | 存在砂姜层、夹砂层、夹砾石层、黏化层、白浆层或黏盘层等 | | | 存在夹砂层、夹砾石层、黏化层或黏盘层等 | | | |
| 灌溉能力 | | 充分满足 | | | 满足、基本满足 | | | 不满足 | | | |
| 排水能力 | | 充分满足 | | | 满足、基本满足 | | | 不满足 | | | |
| 农田林网化程度 | | 高、中 | | | 中 | | | 低 | | | |
| 酸碱度(pH) | | 6.5～7.5 | | | 5.5～6.5、7.5～8.5 | | | 4.5～5.5、≥8.5 | | | |
| 耕层厚度/厘米 | | ≥20 | | | 15～20 | | | <18 | | | |
| 盐渍化程度 | | 无 | | | 轻度 | | | 中度、重度 | | | |
| 地下水埋深/米 | | >3 | | | 2～3 | | | <2 | | | |

注：对判定为轻度污染、中度污染和重度污染的耕地，应提出耕地限制性使用意见，采取有关措施进行耕地环境质量修复。

表1-2 长江中下游区耕地质量等级划分指标

| 指标 | | 等级 | | | | | | | | | |
|---|---|---|---|---|---|---|---|---|---|---|---|
| | | 一等 | 二等 | 三等 | 四等 | 五等 | 六等 | 七等 | 八等 | 九等 | 十等 |
| 地形部位 | | 河流中下游平缓阶地、山间盆地、宽谷盆地、平坝、低塝田、下冲垄田、河湖冲积沉积平原、冲积海积平原、滨海平原 | | 山间畈田、河流上游宽谷阶地、低丘坡田、缓塝田、缓丘坡田、冲垄下部、下部田、平原湖（圩）田、河湖冲积沉积平原、冲积海积平原、滨海平原 | | 河谷低阶地、盆谷阶地、江河高阶地、丘陵低谷地、缓岗地、丘陵中部和下部、冲积垄上部田、河湖冲积沉积平原低洼地、滨海平原洼地、新垦滩涂 | | | 河谷阶地、山间谷地、封闭洼地、高丘山地、丘陵谷地、山垄上冲田、丘陵上部、新垦滩涂 | | | |
| 有效土层厚度/厘米 | | ≥100 | | | | 60～100 | | | <60 | | |
| 有机质含量/（克/千克） | | ≥24(≥28) | | 18～40(20～40) | | | 10～30(15～30) | | <10(<15) | | |
| 耕层质地 | | 中壤、重壤、轻壤 | | 砂壤、轻壤、中壤、重壤、黏土 | | | | | 砂土、重壤、黏土 | | |
| 土壤容重 | | 适中 | | | | | 偏轻或偏重 | | | | |
| 质地构型 | | 上松下紧型、海绵型 | | 松散型、紧实型、夹黏型 | | | | | 夹砂型、上紧下松型、薄层型 | | |
| 土壤养分状况 | | 最佳水平 | | 潜在缺乏或养分过量 | | | | | 养分贫瘠 | | |
| 土壤健康状况 | 生物多样性 | 丰富 | | 一般 | | | | | 不丰富 | | |
| | 清洁程度 | 清洁、尚清洁 | | | | | | | | | |
| 障碍因素 | | 100厘米内无障碍因素或障碍层出现 | | | | 50～100厘米内出现障碍层（潜育层、网纹层、白土层、黏化层、盐积层、焦砾层、沙砾层等）或其他障碍因素 | | | 50厘米内出现障碍层（潜育层、白土层、网纹层、盐积层、黏化层、焦砾层、沙砾层、腐泥层、泥炭层等）或其他障碍因素 | | |
| 灌溉能力 | | 充分满足 | | 满足 | | | 基本满足 | | 不满足 | | |

续表

| 指标 | 等级 | | | | | | | | | |
| --- | --- | --- | --- | --- | --- | --- | --- | --- | --- | --- |
| | 一等 | 二等 | 三等 | 四等 | 五等 | 六等 | 七等 | 八等 | 九等 | 十等 |
| 排水能力 | 充分满足 | | 满足 | | | 基本满足 | | 不满足 | | |
| 农田林网化程度 | 高、中 | | | | 中 | | | | 低 | |
| 酸碱度(pH) | 6.0~8.0<br>(5.5~8.0) | | | | 5.5~8.5<br>(5.0~8.5) | | 4.5~6.5<br>(4.5~5.5)、<br>8.5~9.0<br>(8.0~8.5) | | > 9.0<br>(> 8.5)、<br>< 4.5<br>(< 5.0) | |

注:①对判定为轻度污染、中度污染和重度污染的耕地,应提出耕地限制性使用意见,采取有关措施进行耕地环境质量修复。②括号中数值为水田耕地质量等级划分指标。

### 三 耕地质量红线

保耕地红线不仅要重视数量,更要重视质量;不仅要有数量红线,也要有质量红线。农业部于2014年发布的《2014年种植业工作要点》明确提出"建立耕地质量红线标准",首次在政府文件中出现了完整的"耕地质量红线"一词。

耕地质量绝对红线,或微观层面耕地质量红线,是指耕地质量关键要素的极限值,一旦突破这条线,原有的耕地将不再适宜耕作,或不能生产安全合格的农产品。耕地质量绝对红线主要应考虑以下3个方面,即健康要素、可耕性要素、土壤肥力要素。耕地质量相对红线,或宏观层面耕地质量红线,是指在区域耕地数量红线背景下,为了保障区域内粮食及主要农产品安全供给,区域耕地质量平均等级的极限值。

保护耕地的最终目标是保持耕地生产能力的动态平衡。粮食安全除了需要保证一定数量耕地,还需要耕地质量来支撑,耕地数量和质量是不可分割的。离开耕地数量,粮食生产无从谈起;但离开耕地质量,只注重耕地数量保护而忽视耕地质量提升,粮食安全将不可持续。因为耕地质量不仅关系到粮食的产能,更关乎粮食的安全,高质量的耕地能够提供更多、更安全的粮食。在当前耕地数量保护形势较为严峻的情况下,提升耕地质量,不仅有利于耕地产能的提高,而且有利于弥补因耕地损失减少的产量,有效保障粮食总量的平衡。

## ▶ 第三节　耕地质量与粮食安全、生态安全的关系

### 一　耕地质量与粮食安全

　　耕地质量水平的高低,影响着作物单产水平的发挥。目前,我国3种主要粮食作物(水稻、小麦、玉米)的地力贡献率分别约为60.2%、45.7%、51.0%[①]。统计数据表明,我国一些地区水稻、玉米及小麦的超高产水平比全国平均产量水平高出1倍以上,其主要原因就是我国多数地区耕地质量总体水平不高,限制了高产品种高产潜力的发挥。由此可知,提升耕地质量是提高粮食单产水平的重要保障。如图1-2所示为高肥力农田中稻穗沉甸甸。

图1-2　高肥力农田中稻穗沉甸甸

---

① 汤勇华,黄耀.中国大陆主要粮食作物地力贡献率及其影响因素的统计分析[J],农业环境科学学报,2008,27(4):1283-1289.

按照四等到六等中产耕地面积的基础地力平均提高1个等级、亩产增加100千克左右测算，我国现有四等到六等耕地可实现新增粮食综合生产能力600亿~800亿千克，相当于新增同等地力耕地约2.24亿亩(0.15亿公顷)。持续不断定向保育土壤质量，也能通过耕地均衡增产保持粮食产能。如图1-3所示为皖北地区高肥力农田小麦大丰收。

图 1-3　皖北地区高肥力农田小麦大丰收

## 二　耕地质量与农产品质量安全

现在，随着人民生活水平的不断提高，人们不仅要"吃饱"，而且要"吃好"，这就要求生产出的农产品安全、清洁、健康，而耕地是实现"吃好"这一目标的第一个关口。高质量水平的耕地，可在很大程度上保障农产品质量安全。目前，我国部分地区耕地工业"三废"、城市垃圾污染加剧，农业面源污染加重，水环境恶化，许多地方城市周边、交通干道以及江河沿岸耕地重金属与有机污染物严重超标。耕地污染已给我国农产品质量安全带来了新的挑战。如何确保耕地质量符合农产品产地环境要求，保障农产品质量安全，是一项亟待解决的重要课题。

## 三　耕地质量与生态安全

耕地及其中的生物所构成的生态系统具有生态服务功能，包括生物多样性的产生与维持、气候调节、营养物质贮存与循环、土壤肥力的更新与维持、环境净化与有害有毒物质的降解、植物花粉的传播与种子的扩散、有害生物的控制、减轻自然灾害等各个方面。现阶段，在耕地质量建设方面，可借鉴生态建设的理念，加强田间基础设施建设。在建设高标准农田时，可通过加强田、路、渠、电等建设，新建、修复防护林带，增强内在质量功底，强化生产、生活、生态功能，实现耕地基础地力和综合生产能力整体提升，使耕地环境质量和健康质量进一步提高，进而推进农田生态建设。如图1-4所示为高水平耕地质量守护青山绿水。

图1-4　高水平耕地质量守护青山绿水

# 第二章　耕地质量状况

## ▶ 第一节　土壤资源

我国土壤资源十分丰富，下面以安徽省几种典型土壤为例简单介绍。

### 一　红壤

红壤多呈酸性至强酸性。全剖面pH为4.2~5.3，且随剖面深度的增加而略有下降；土壤阳离子交换量为8~15厘摩尔/千克土，多数小于10厘摩尔/千克土。土壤盐基交换量饱和度低，土壤交换性酸含量较高。红壤典型土壤剖面形态如图2-1所示。

0~10厘米，橙色(5YR 7/6，干)，浊橙色(5YR 7/4，润)；砂质黏壤土，发育中等的粒状结构，松散；蚯蚓通道。

10~43厘米，橙色(5YR 7/6，干)，浊橙色(5YR 7/4，润)；黏壤土，发育中等的块状结构，灌木根系，铁锰焦斑和黏粒胶膜，球形褐色铁锰结核；蚯蚓通道。

43~84厘米，橙色(5YR 6/6，干)，棕色(5YR 4/6，润)；黏壤土，发育中等的棱块状结构，硬；灌木根系，铁锰焦斑和黏粒胶膜，球形褐色铁锰结核；渐变波状过渡。

84~120厘米，橙色(5YR 7/6，干)，亮红棕色(5YR 5/6，润)；具有聚铁网纹现象；砂质黏壤土，发育中等的棱块状结构，硬；铁锰焦斑，球形褐色铁锰结核

图2-1　红壤典型土壤剖面形态(李德成　供)

## 二 黄棕壤

黄棕壤在安徽主要分布在北纬33°以南的广大丘陵山区。黄棕壤质地偏轻,多为砂壤土至砂质黏壤土,土体中砂粒含量高,平均在34.6%~65.4%。土壤呈酸性至微酸性,pH 5.0~6.5,由表土层向下pH逐渐增大。土壤阳离子交换量较小,为17.9厘摩尔/千克土。有机质、全氮、钾素含量较丰富,但磷素含量较低。黄棕壤典型土壤剖面形态如图2-2所示。

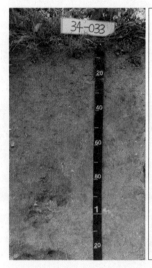

+3~0厘米,枯枝落叶层。

0~20厘米,浊黄橙色(10YR 6/4,干),浊黄棕色(10YR 5/4,润);角状石英颗粒;壤质砂土,发育中等的粒状结构,松散;草灌根系,渐变波状过渡。

20~40厘米,橙色(5YR 7/6,干),橙色(5YR 6/6,润);角状石英颗粒;砂质壤土,发育中等的块状结构,稍硬;草灌根系,模糊黏粒胶膜,渐变波状过渡。

40~70厘米,橙色(5YR 7/6,干),橙色(5YR 6/6,润);角状石英颗粒;砂质壤土,发育中等的块状结构,稍硬;草灌根系,模糊铁锰和黏粒胶膜;渐变波状过渡。

70~90厘米,浊橙色(5YR 7/4,干),浊橙色(5YR 6/4,润);角状石英颗粒;砂质壤土,发育中等的块状结构,稍硬;草灌根系,模糊铁锰和黏粒胶膜,球形褐色软铁锰结核;清晰平滑过渡。

90~120厘米,花岗岩

图2-2 黄棕壤典型土壤剖面形态(李德成 供)

## 三 黄褐土

黄褐土主要土种马肝土通体黏重,一般为黏壤土至黏土。表耕层黏粒含量一般大于25%,淀积层和母质层黏粒含量较高,多大于30%,高的达60%。全剖面粉砂含量一般都在40%左右。粉砂/黏粒比值小于1.6,表耕层粉砂/黏粒比值较大,至淀积层比值最小。砂粒含量一般低于30%,并随着剖面深度增加含量减少。马肝土淀积层pH<6.8,盐基饱和度在75%左右。土壤全剖面呈中性偏酸,pH 5.5~7.5,盐基饱和度大于60%。土壤养分含量中等,但变异较大,磷素匮乏较明显。黄褐土典型土壤剖面形态如图2-3所示。

0~11厘米，浊黄橙色(10YR 6/4，干)，棕色(10YR 4/4，润)；砂质黏壤土，发育中等的粒状结构，松散；蚯蚓通道，内有球形蚯蚓粪便；清晰平滑过渡。

11~18厘米，亮黄棕色(10YR 6/6，干)，黄棕色(10YR 5/6，润)；砂质壤土，发育较强的块状结构，稍硬；褐色球形软铁锰结核；清晰平滑过渡。

18~37厘米，亮黄棕色(10YR 6/6，干)，黄棕色(10YR 5/6，润)；砂质壤土，发育中等的块状结构，稍硬；铁锰斑，铁锰胶膜，褐色球形软铁锰结核；渐变波状过渡。

37~80厘米，亮黄棕色(10YR 6/6，干)，黄棕色(10YR 5/6，润)；砂质黏土，发育较强的棱块状结构，硬，强胶结；铁锰斑，黏粒和铁锰胶膜，褐色球形软铁锰结核；渐变波状过渡。

80~120厘米，亮黄棕色(10YR 6/6，干)，浊黄橙色(10YR 6/4，润)；黏土，发育较强的棱块状结构，硬，强胶结；铁锰斑，黏粒和铁锰胶膜，褐色球形软铁锰结核

图2-3　黄褐土典型土壤剖面形态(李德成　供)

## 四　潮土

潮土土壤结构较松，通透性良好，容重较小，一般耕层在1.2~1.4克/厘米$^3$之间。由于沉积物来源不同，土壤酸碱性有明显差异。近代黄泛沉积物发育的潮土，碳酸钙含量高，土壤多呈微碱性反应。近代长江冲积物发育的潮土，亦具石灰反应，pH 7.6~8.5。由山河与湖相沉积物发育的潮土呈酸性，pH 5.5~6.5。有机质含量不高，一般为2.0~15.0克/千克。矿质养分含量较丰富，土体中碳酸钙含量高，磷的有效性差。潮土典型土壤剖面形态如图2-4所示。

## 五　砂姜黑土

砂姜黑土呈中性到微碱性，pH 7.0~8.6，剖面上部略低于下部。碳酸盐组成以碳酸钙为主，碳酸镁甚少。有机质和全氮含量都不高，耕作层前者为10.8~13.2克/千克，后者为0.72~0.80克/千克；阳离子交换量较高，一般为18~30厘摩尔/千克土，与土壤黏粒含量呈显著正相关。全钾和有效钾含量丰富，有效微量元素含量较低，处在作物缺素的临界值上下，尤其是有效态锌、硼和钼低于临界值更多。砂姜黑土典型土壤剖面形态如图2-5所示。

0~32厘米,浊黄橙色(10YR 6/4,干),浊黄棕色(10YR 5/4,润),壤质砂土,发育中等的粒状结构,松散,梨树根系,蚯蚓通道,内有粒状蚯蚓粪便;强度石灰反应,清晰平滑过渡。

32~50厘米,浊黄橙色(10YR 6/4,干),浊黄棕色(10YR 5/4,润),砂质壤土,发育弱的块状结构,稍硬;梨树根系,锈纹锈斑,强度石灰反应,清晰平滑过渡。

50~60厘米,浊黄橙色(10YR 7/4,干),浊黄棕色(10YR 5/4,润),砂质壤土,发育弱的块状结构,稍硬;梨树根系,锈纹锈斑,强度石灰反应,渐变波状过渡。

60~110厘米,浊黄橙色(10YR 6/3,干),浊黄棕色(10YR 4/3,润),壤质砂土,发育弱的块状结构,稍硬;梨树根系,锈纹锈斑,强度石灰反应,渐变波状过渡。

110~130厘米,浊黄橙色(10YR 6/3,干),浊黄棕色(10YR 5/3,润),壤质砂土,冲积层理较为明显,疏松;梨树根系,锈纹锈斑,片状云母;强度石灰反应

图2-4 潮土典型土壤剖面形态(李德成 供)

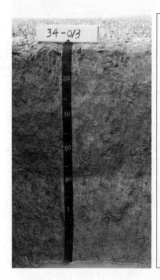

0~18厘米,黄灰色(2.5Y 5.5/1,干),黄灰色(2.5Y 4/1,润);黏土,发育中等的粒状结构,松散;蚯蚓通道,内填粒状蚯蚓粪便,轻度石灰反应,清晰平滑过渡。

18~32厘米,黄灰色(2.5Y 5/1,干),黄灰色(2.5Y 4/1,润);砂质黏壤土,发育中等的块状结构,疏松;蚯蚓通道,内填蚯蚓粪便,轻度石灰反应,清晰平滑过渡。

32~78厘米,黄灰色(2.5Y 5/1,干),黄灰色(2.5Y 4/1,润);砂质黏壤土,发育中等的块状结构,稍坚实;蚯蚓通道,内填蚯蚓粪便,裂隙;模糊的灰色胶膜,中度石灰反应,清晰平滑过渡。

78~120厘米,淡黄色(2.5Y 7/3,干),黄棕色(2.5Y 5/3,润);黏壤土,发育中等的块状结构,稍坚实;裂隙;锈纹锈斑,灰色胶膜,球形褐色软铁锰结核,不规则形白色稍硬碳酸钙结核,强度石灰反应

图2-5 砂姜黑土典型土壤剖面形态(李德成 供)

（六）水稻土

　　水稻土隶属人为土纲水稻土亚纲,是安徽省主要的农业土壤资源。水稻土典型土壤剖面形态如图2-6所示。

0~20厘米,灰黄色(2.5Y 6/2,干),暗灰黄(2.5Y 4/2,润),砂质壤土,发育中等的块状结构,疏松;锈纹锈斑,清晰平滑过渡。

20~28厘米,灰黄色(2.5Y 6/2,干),暗灰黄色(2.5Y 5/2,润),砂质黏壤土,发育中等的块状结构,坚实;锈纹锈斑,清晰平滑过渡。

28~48厘米,浊黄橙色(10YR 7/2,干),浊黄橙色(10YR 6/2,润),砂质黏壤土,发育中等的棱块状结构,坚实;锈纹锈斑,模糊灰色胶膜,褐色至黄褐色的球形软铁锰结核;渐变波状过渡。

48~78厘米,浊黄橙色(10YR 7/3,干),浊黄橙色(10YR 6/3,润),砂质黏壤土,发育中等的棱块状结构,坚实;锈纹锈斑,模糊灰色胶膜,褐色至黄褐色的球形软铁锰结核;渐变波状过渡。

78~120厘米,亮黄棕色(10YR 6/8,干),亮黄棕色(10YR 6/6,润),砂质黏壤土,发育中等的棱块状结构;锈纹锈斑,褐色至黄褐色的球形软铁锰结核;渐变波状过渡

图 2-6 水稻土典型土壤剖面形态(李德成 供)

## 第二节 中低产土壤

全国第二次土壤普查结果表明,安徽省中低产土壤面积达502.25万公顷,占全省耕地面积的80.69%。自20世纪80年代以来,安徽省中低产田得到了不同程度的改良,土壤肥力和生产力明显提高,高产田比例明显增加,低产田面积明显减少。总体来看,目前安徽省粮食主产区耕地土壤肥力综合状况仍处于中下等水平,高产田所占比例较小,耕地组成仍以中低产田为主。

### 一 土壤肥力主要障碍因素

#### 1.土壤有机质含量低

土壤有机质是土壤肥力的重要物质基础,土壤肥力水平高低一般与

有机质含量密切相关。一般来说,高产土壤有机质的含量多在25.0克/千克以上。偏施化肥,绿肥种植面积萎缩,秸秆还田量有限,有机肥投入严重不足,造成安徽省目前的旱地土壤有机质含量多在15.0克/千克左右,水田土壤有机质含量多在20.0克/千克以下。

**2.养分含量贫乏,供给失调**

肥料施用结构不合理,大部分地区土壤养分非均匀化趋势明显,中量元素和微量元素的缺乏较为普遍。土壤养分限制因子已由单一因子转变为多因子。目前安徽省粮食主产区耕地土壤养分变化特点是:土壤氮素普遍缺乏,磷素部分地区积累,钾素缺乏面积扩大,微量元素缺乏未得到根本解决,中量元素缺乏现象呈上升趋势,土壤养分出现了新的缺乏和不平衡。从全省土壤速效磷、钾含量来看,安徽北部地区土壤速效磷含量提高幅度最大,江淮地区次之,增长幅度最小的是南部地区。从钾素含量来看,安徽北部地区土壤降低幅度较大,中部地区基本平衡,南部地区有所提高。

**3.耕层性状差**

耕层变浅,犁底层坚实度高、密度大、孔隙度低、透水性差,不仅大大减弱了耕作层和心土层之间水肥的疏通,而且使作物根系难以伸展,易倒伏。究其原因,主要是由于安徽省农田耕作长期采用小型拖拉机和牲畜耕种,年复一年的机具碾压、人畜踩踏,加之大量化肥的不科学施用,有机肥施用量低,造成土壤板结,耕作层变浅,逐步形成了坚硬的犁底层。

## 二 中低产土壤的主要类型

**1.旱地**

中产土壤:潮土中的淤土、潮泥土、泥骨土、石灰性泥土等,黄褐土中的李岗(耕种)马肝土、后楼(锈斑)黄白土、杨桥(锈斑)覆泥马肝土等,砂姜黑土中的黑姜土、黄姜土、白姜土等。

低产土壤:砂姜黑土中的瘦黑姜土、瘦黄姜土等,潮土中的砂土、面砂土、漏风淤土、麻砂土等,红壤中的敬亭(耕种)棕红土、岩前红砂土等,黄棕壤中的诸佛庵(耕种)黄泥土、牛埠红棕土等,黄褐土中的平桥僵马肝土、夏岗白土等,石灰(岩)土中的七里鸡肝土等,紫色土中的隆阜酸性猪血泥、槐园石灰性猪血砂等。

2.水田

中产土壤:脱潜水稻土中的脱青潮砂泥田、脱青湖泥田等,潴育水稻土中的泥质田、棕红泥田、马肝田、黑粒土田等。

低产土壤:淹育水稻土中的浅泥质田、浅马肝田等,渗育水稻土中的渗泥质田、黄白土田等,潜育水稻土中的青紫泥田、青马肝田、青湖泥田、青潮沙泥田、陷泥田、烂泥田等,漂洗水稻土中的淀板田、澄白土田、香灰土田等,潴育水稻土中的石灰性泥田、潮砂土田等。

## 三 中低产土壤的分布

### 1.淮北和沿淮地区

分布面积大的砂姜黑土中,除油姜土外,其他土壤均为中低产土壤。发育在黄泛冲积物的潮土中,除两合土外,其余均为中低产土壤。在淮北的低丘上还有石灰(岩)土和黄土母质发育的潮马肝土和复异潮马肝土等土属的零星分布。

### 2.江淮丘岗地区

有大面积的淹育、渗育、脱潜、漂洗等亚类的中低产水稻土,主要分布在丘岗的冲、塝和圩、畈处,在部分低圩和山、冲的下部还有少量的潜育和低肥的潴育水稻土。其次为在下属黄土母质发育的低产土壤类型,广泛分布在广大的丘岗地区。母质为页岩、千枚岩、花岗岩、玄武岩等风化物和第四纪红土的黄棕壤,以及石灰岩山丘坡麓的鸡肝土。

### 3.沿江地区

主要为潴育和潜育水稻土亚类的土壤,主要分布在沿湖、圩、畈地和少数低圩田、圩心田。其次是灰潮土和湿潮土,主要分布在长江及其支流两岸、江心洲和江、湖滩地。

### 4.皖南山区

黄红壤亚类中的土壤类型,主要分布在山丘、岗地的坡麓和阶地。其次为紫色土,分布于低山和丘岗地。水田中的中低产土壤主要分布于山坞的陷泥田。

### 5.大别山区

南麓主要为黄红壤和棕红壤,北麓则为黄棕壤;在河流两岸为灰潮土;在低丘岗地上则为紫色土。低产水稻土分布较广,从海拔10米到800米

的山地水田,从山丘、平原、河谷、盆地到岗垮、冲、畈等地貌单元均有分布。

## 第三节　耕地质量状况

全国耕地质量状况主要表现为耕地质量总体不高,局部区域耕地水土流失、盐碱化、酸化等问题突出,耕地基础地力后劲不足,土壤养分失衡,土壤污染与耕地生态功能退化,区域性耕地质量退化现象明显,等等。

### 1.耕地质量总体不高

《2019年全国耕地质量等级情况公报》显示,全国耕地质量较2014年提升了0.35个等级。其中,评价为一至三等的耕地占全国耕地总面积的31.24%,四至六等的耕地占全国耕地总面积的46.81%,七至十等的耕地占全国耕地总面积的21.95%。我国有障碍因素的耕地占比高达40.8%,耕层在20厘米以下的耕地占到71.2%,耕地土壤缺素症表现比较普遍。

### 2.局部区域耕地水土流失、盐碱化、酸化等问题突出

受干旱、陡坡、瘠薄、洪涝、盐碱等多种因素影响,耕地质量总体水平不高,中低产田占耕地总面积的70%,土壤退化严重,贫瘠化、酸化、污染等问题比较突出。全国因水土流失、风蚀沙化、盐碱化、酸化等问题导致的耕地质量退化面积在40%以上。

### 3.耕地基础地力后劲不足

长期以来,"重用轻养""只用不养",农田基础设施建设相对滞后,耕地培肥改良措施不配套,造成耕地基础地力支撑能力下降。相关数据表明,全国粮食总产量提高50%是由化肥施用总量增长256%来支撑的。

### 4.土壤养分失衡

土壤磷素过快累积,导致氮、磷、钾养分供给不平衡,交互作用下降,肥料农学利用率降低。同时,增加了磷对钙、锌、铁等元素的拮抗作用,降低了中量、微量元素的有效性。加之施肥时对中量、微量元素补充不足,农作物中量、微量元素缺素症表现更加明显,面积不断扩大。

### 5.土壤污染与耕地生态功能退化

因污水灌溉、大气沉降、各种垃圾与矿渣无序堆放等原因所造成的土壤污染问题依然严重。首次全国土壤污染状况调查结果显示,我国耕地土壤污染点位超标率为19.4%(2013年),较1989年的4.6%上升了14.8个百分点,其中东南地区和长江中下游一些耕地因污染而被迫弃耕。另外,我国耕地还面临着长期高强度开发利用、长期种植单一作物,以及化学品投入过量等问题,耕地生态功能退化明显。

### 6.区域性耕地质量退化现象明显

2018年,东北黑土区耕层土壤有机质平均含量为26.7克/千克,与30年前相比降幅达31%。华北及黄淮海平原地区长期采用以旋代耕的不合理耕作方式,导致有效耕层厚度普遍在15厘米左右,犁底层普遍分布在15~30厘米土层中。有的田块耕层只有10~12厘米,犁底层变为40~50厘米的压实层。南方水稻土pH由1988年的6.64下降至2013年的6.05,显著高于全国水稻土的平均酸化速率。设施农业区土壤生产功能退化、酸化、次生盐渍化、污染物积累和连作障碍等问题十分突出。

# 第三章 高标准农田建设

## 第一节 概　念

### 一 基本概念

　　高标准农田是指土地平整、集中连片、设施完善、农田配套、土壤肥沃、生态良好、抗灾能力强,与现代农业生产和经营方式相适应的旱涝保收、高产稳产,划定为永久基本农田的耕地。高标准农田建设是指为建设高标准农田,改善或消除主要限制性因素、全面提升农田质量而开展的土地平整、土壤改良、灌溉与排水建设、田间道路修复、农田防护与生态环境保持、农田输配电以及其他工程建设,并保障其高效利用的一系列活动。如图3-1所示为竣工的高标准农田场景。

图3-1　竣工的高标准农田场景

## 二 战略意义

### 1.提高农业综合生产能力,保障国家粮食安全

耕地是粮食生产、安全的根基。抓好耕地保护和地力提升,就要坚定不移地抓好高标准农田建设,全面落实"藏粮于地"战略。高标准农田建设以推动高质量发展为主题,以提升农业产能为首要目标,不断完善农田基础设施、改善农业生产条件、增强农田防灾抗灾减灾能力,以进一步巩固和提升农业综合生产能力,确保把饭碗牢牢端在自己手里。

### 2.推动农业绿色高质量发展

集中连片建设高标准农田,有利于农业生产方式转型升级,可为绿色技术的推广创造条件,促进水、肥、药等农业投入品减量增效,不断提高水土资源利用效率,扭转农业发展的水土资源困境,推动农业绿色发展。

### 3.助力全面推进乡村振兴

高标准农田建设可持续加快质量兴农、绿色兴农、品牌强农,有效增加农民收入,促进农业农村现代化。高标准农田可不断提升耕地质量、改善农业生产条件和农业生态环境,提升农田生态功能,为乡村生态宜居提供绿色屏障,助力全面推进乡村振兴。

## ▶ 第二节 耕地质量相关建设目标与内容

## 一 田

通过合理归并和平整土地、坡耕地田坎修筑,实现田块规模适度、集中连片、田面平整,耕作层厚度适宜,山地丘陵区梯田化率提高。

在充分考虑水土光热资源及环境条件等因素的前提下,进一步优化高标准农田空间布局。根据不同区域地形地貌、作物种类、机械作业和灌溉排水效率等因素,合理划分和适度归并田块,确定田块的适宜耕作长度与宽度。在山地丘陵区因地制宜修筑梯田,增强农田保土、保水、保肥

能力。通过客土填充、剥离回填表土层等措施平整土地,合理调整农田地表坡降,改善农田耕作层,提高灌溉排水适宜性。建成后,农田土体厚度宜在50厘米以上,水田耕作层厚度宜在20厘米左右,水浇地和旱地耕作层厚度宜在25厘米以上,丘陵区梯田化率宜在90%以上,田间基础设施占地率一般不超过8%。

## 二 土

通过培肥改良,实现土壤通透性能好、保水保肥能力强、酸碱平衡、有机质和营养元素丰富,着力提高耕地内在质量和产出能力。

通过工程、生物、化学等方法,治理过沙或过黏土壤、盐碱土壤和酸化土壤,提高耕地质量水平。采取深耕深松、秸秆还田、增施有机肥、种植绿肥等方式,增加土壤有机质,治理退化耕地,改良土壤结构,提升土壤肥力。根据不同区域生产条件,推广合理轮作、间作或休耕模式,减轻连作障碍,改善土壤生态环境。实施测土配方施肥,促进土壤养分平衡。建成后,土壤pH宜在5.5~7.5(盐碱区土壤pH不高于8.5),土壤的有机质含量、容重、阳离子交换量、有效磷量、速效钾量、微生物碳量等其他物理、化学、生物指标达到当地种植的中上等水平。

## 三 水

通过加强田间灌排设施建设和推进高效节水灌溉等,增加有效灌溉面积,提高灌溉保证率、用水效率和农田防洪排涝标准,实现旱涝保收。

按照旱、涝、渍和盐碱综合治理的要求,科学规划建设田间灌排工程,加强田间灌排工程与灌区骨干工程的衔接配套,形成从水源到田间的完整的灌排体系。因地制宜配套小型水源工程,加强降水和地表水收集利用。按照灌溉与排水并重要求,合理配套建设和改造输配水渠(管)道、排水沟(管)道、泵站及渠系建筑物,完善农田灌溉排水设施。因地制宜推广渠道防渗、管道输水灌溉和喷灌、微灌等节水措施,支持建设必要的灌溉计量设施,提高农业灌溉保证率和用水效率。倡导建设生态型灌排系统,保护农田生态环境。建成后,田间灌排系统完善、工程配套、利用充分,输、配、灌、排水及时高效,灌溉水利用率和水分生产率明显提高,灌溉保证率不低于50%。旱作区农田排水设计暴雨重现期达到5~10年一遇,1~3天暴雨从作物受淹起1~3天排至田面无积水;水稻区农田排水设计暴雨重现期达到10年一遇,1~3天暴雨从作物受淹起3~5天排至作物耐淹水深。

## 四 林

通过农田林网、岸坡防护、沟道治理等农田防护和生态环境保护工程建设,改善农田生态环境,提高农田防御风沙灾害和防止水土流失能力。

根据因害设防、因地制宜的原则,对农田防护与生态环境保护工程进行合理布局,与田块、沟渠、道路等工程相结合,与村庄环境相协调,完善农田防护与生态环境保护体系。以受大风、沙尘等影响严重区域、水土流失易发区为重点,加强农田防护与生态环境保护工程建设,完善农田防护林体系。在风沙危害区,结合立地和水源条件,兼顾生态和景观要求,确定树种、修建农田林网,对退化严重的农田防护林抓紧实施更新改造;在水土流失易发区,通过合理修筑岸坡防护、沟道治理、坡面防护等设施,提高水土保持和防洪能力。建成后,区域内受防护农田面积比例一般不低于90%,防洪标准为10~20年一遇。

## 五 跟踪监测

为跟踪监测高标准农田耕地质量变化情况,及时发现耕地生产障碍因素与设施损毁情况,开展有针对性的培肥改良、治理修复、设施维护,可按不低于每3.5万~5万亩(1亩约合667米²)设置1个监测点的密度要求,建立高标准农田耕地质量长期定位监测点。监测点对农田生产条件、土壤墒情、土壤主要理化性状、农业投入品、作物产量、农田设施维护等情况开展监测,为有针对性地提高高标准农田质量与产能水平提供依据。

## ▶ 第三节 建设重点

依据区域气候特点、地形地貌、水土条件、耕作制度等因素,全国高

标准农田建设可分成东北区、黄淮海区、长江中下游区、东南区、西南区、西北区、青藏区7个区域。安徽省跨区归属在黄淮海区和长江中下游区两个区域。

## 一 黄淮海区

耕地立地条件较好,土壤养分含量中等,耕地质量等级以中上等居多。耕作层变浅,土壤板结,犁底层加厚,容重变大,蓄水保肥能力下降。淮河北部及黄河南部地区砂姜黑土易旱易涝,地力下降潜在风险大。

针对本区春旱夏涝易发、地下水超采严重、土壤有机质含量下降、土壤盐碱化等粮食生产主要制约因素,以提高灌溉保证率、农业用水效率、耕地质量等为主攻方向,围绕稳固提升小麦、玉米、大豆、棉花等粮食和重要农产品产能,开展高标准农田建设,亩均粮食产能达到800千克。

合理划分、提高田块归并程度,满足规模化经营和机械化生产需要。实现耕地田块相对集中、田面平整,耕作层厚度一般在25厘米以上。推行秸秆还田、深耕深松、绿肥种植、有机肥增施、配方施肥、施用土壤调理剂、客土改良质地过沙土壤等措施,保护土壤健康。土壤有机质含量平原区一般不低于15克/千克,山地丘陵区一般不低于12克/千克,土壤pH一般保持在6.0~7.5,耕地质量等级宜达到四等以上。改造提升田间灌排设施,完善井渠结合灌溉体系,防止次生盐碱化。农田林网布设应与田块、沟渠、道路等有机衔接。

## 二 长江中下游区

土壤类型以水稻土、黄壤、红壤、潮土为主。土壤立地条件较好,土壤养分处于中等水平,耕地质量等级以中等偏上为主。土壤酸化趋势较重,有益微生物减少,存在滞水潜育等障碍因素。

针对本区田块分散、土壤酸化、土壤潜育化、暴雨洪涝灾害多发、季节性干旱等主要制约因素,以增强农田防洪排涝能力、土壤改良为主攻方向,围绕稳固提升水稻、小麦、油菜、棉花等粮食和重要农产品产能,开展高标准农田建设。

合理划分和适度归并田块,平原区以整修条田为主,山地丘陵区因地制宜修建水平梯田。水田应保留犁底层;耕作层厚度一般在20厘米以上;改良土体,消除土体中明显的黏盘层、沙砾层等障碍因素;通过施用石灰质物质方法,治理酸化土壤。推行种植绿肥、增施有机肥、秸秆还田、测土配方施肥措施,有条件的地方配套水肥一体化、农家肥积造设施,培肥地力。土壤有机质含量宜在20克/千克以上,土壤pH一般为5.5~7.5,耕地质量等级宜达到4.5等以上;开展旱、涝、渍综合治理,合理建设田间灌排工程。新建、修复农田防护林,选择适宜的乡土树种,沿田边、沟渠或道路布设,宜采用长方形网格配置。

### 三 安徽省不同区域

高标准农田建设重点采取"改、培、保、控"等单一或综合措施。其中,"改"即改良土壤,是指针对耕地土壤障碍因素,治理水土侵蚀,改良酸化、次生盐渍化土壤,改善土壤理化性状,改进耕作方式。"培"即培肥地力,是指通过增施有机肥,实施秸秆还田,开展测土配方施肥,提高土壤有机质含量、平衡土壤养分,通过粮豆轮作套作、固氮肥田、种植绿肥,实现用地与养地结合,持续提升土壤肥力。"保"即保水保肥,是指通过耕作层深松深耕,打破犁底层,加深耕作层,推广保护性耕作,改善耕地理化性状,增强耕地保水保肥能力。"控"即控污修复,是指控施化肥农药,减少不合理投入数量,阻控重金属和有机物污染,控制农膜残留。

#### 1.淮北平原区

耕地土壤类型以(黄)潮土、砂姜黑土为主,黄褐土、石灰土、棕壤也占有一定的面积。地形平坦,农业开发利用度高,农作物生产以一年两熟为主,是安徽省优质小麦、玉米、水果、蔬菜等优势农产品的重要生产区。如图3-2所示为淮北平原区小麦生产。

1)耕地质量主要问题

耕层变浅,土壤结构变差。土壤有机质含量低,有效锌、锰不足。季节性干旱明显,春秋旱频繁,沿淮低洼地易受渍涝。土壤物理性状不良面积较大,北部漏水漏肥,中南部耕性差、适耕期短,易旱易涝(图3-3)。设施栽培地区土壤次生盐渍化逐渐加重,地膜覆盖地区地膜残留渐趋严重。

2)主要治理措施

小麦-玉米(大豆)轮作区,夏收小麦秸秆粉碎覆盖在玉米、大豆行间,秋收玉米秸秆粉碎翻压还田种植小麦,周年实行夏免耕秋翻耕秸秆

图3-2　淮北平原区小麦生产(郭志彬　供)

图3-3　淮北砂姜黑土干旱时产生大而深的裂缝(王家宝　供)

还田。城郊肥源集中区和规模化畜禽养殖场周边建设有机肥工厂(车间、高温堆肥场),就地增施有机肥。有次生盐渍化的设施栽培蔬菜地,施用生物有机肥并适当施用改良剂。通过控制氮肥、稳定磷肥和钾肥、补充中微量元素肥料,平衡土壤养分。改常年浅旋耕为深耕深松结合方式,每3年深耕或深松一次,深耕25厘米以上,深松25~40厘米,打破犁底层。改地面漫灌为喷(滴)灌并应用水肥一体化等高效节水技术。结合高标准农田建设,完善田间水利配套,切实解决旱涝灾害问题。

### 2.江淮丘陵区

耕地土壤类型以水稻土、黄褐土为主,黄棕壤、石灰土、(灰)潮土也占有一定面积。地形地貌以丘陵岗地为主,岗、塝、冲相间,地形相对平坦,农业开发利用度较高,农作物生产以一年两熟为主,是安徽省水稻、小麦、油菜、旱杂粮、瓜菜等优势农产品的重要产区。如图3-4所示为江淮丘岗地区水稻生产。

图3-4　江淮丘岗地区水稻生产

1)耕地质量主要问题

耕层多较浅,土壤结构多较差。土壤有机质含量低,部分地区速效钾、有效硫、硅、硼、钼不足。塝田和旱耕地干旱频繁,水土流失严重(图3-5)。设施栽培地区土壤酸化和次生盐渍化逐渐加重。

图3-5　丘岗旱坡耕地

2)主要治理措施

小麦(油菜)-水稻轮作区,夏收小麦(油菜)秸秆机械粉碎旋耕还田栽(播、抛)秧,秋收水稻秸秆机械粉碎翻压还田种植小麦(播栽油菜),翻压深度25厘米以上,周年实行夏浅耕秋深翻,或水稻秸秆机械粉碎抛撒在免耕移栽油菜田行间覆盖还田。小麦(油菜)-玉米(大豆、棉花)轮作区,夏收小麦(油菜)秸秆粉碎后覆盖在玉米、大豆、棉花田行间,秋收玉米秸秆粉碎翻压还田种植小麦,翻压深度25厘米以上,周年实行夏免耕秋深翻。水田改串漫灌为排灌分家、沟灌轮灌,旱耕地修建梯地梯田,等高种植,发展喷(滴)灌和水肥一体化,控制水土流失。对表土质地有较轻淀板现象的塝田和旱地,增施土杂肥、稻糠、稻壳等有机肥,改良淀浆板结现象。对有次生盐渍化和酸化的设施栽培蔬菜地实行合理轮作,施用有机肥、石灰、土壤改良剂控盐改酸。通过控制氮肥、稳定磷肥、补充钾肥和中微量元素肥料,平衡土壤养分。结合高标准农田建设,完善田间水利配套,保证灌溉水源,提高灌溉保证率,切实解决旱灾问题。

### 3.沿江平原区

耕地土壤类型主要为水稻土、(灰)潮土,红壤、黄褐土、黄棕壤也占有一定的面积。地形地貌以平原为主,河湖纵横,水热条件优越,农作物生产以一年两熟或三熟为主,是安徽省重要的粮、棉、油产区。如图3-6所示为沿江地区水稻生产。

图3-6 沿江地区水稻生产

1)耕地质量主要问题

江河湖沿岸地势低洼,地下水位高,排水能力不足,水稻土潜育化面积较大,土性冷、土体糊烂结构差、有毒有害物质多、有效养分不足,土壤潜育化现象普遍。水稻土、旱耕地母土除长江冲积物外,大多为酸性,加之持续大量施用氮肥,土壤酸化较明显。铜陵、马鞍山等地工矿企业多,厂矿附近重金属污染或潜在污染比较严重(图3-7)。沿江地区蔬菜、棉花种植面积大、历史久,设施蔬菜种植区存在次生盐渍化,地膜覆盖区存在农地膜污染。

图3-7 沿江区域矿业周边污染退化土壤上的油菜

2)主要治理措施

结合高标准农田建设,完善水利设施,提高内外排水能力,降低地下水位,治理潜育化。深耕、秸秆还田、施用有机肥、绿肥掩青与施用石灰、土壤改良剂、重金属钝化剂结合,改良土壤酸性、钝化土壤重金属。改良土壤盐渍化,治理农地膜污染。通过增施有机肥、合理轮作改良土壤次生盐渍化,通过清洁栽培控制农地膜污染。

4.皖南山区

耕地土壤类型主要为红壤和水稻土,黄壤、黄棕壤、黄褐土、石灰土、紫色土、(灰)潮土也占有一定的面积。地形地貌类型多样,山地、丘陵和盆地交错,水热资源丰富,农作物生产以一年两熟或三熟为主,是安徽省水稻、油菜及茶叶等亚热带经济作物主要产区。如图3-8所示为皖南山区的油菜生产。

图3-8　皖南山区的油菜生产

1）耕地质量主要问题

皖南山区酸性土壤面积大，加之持续施用氮肥，土壤酸化更趋明显，pH小于5.5的土壤面积占全区耕地面积的50%以上，土壤酸化趋势明显。皖南山区坡耕地面积大，水土流失严重，土层浅薄，坡耕旱地和塝田有效土体厚度多小于60厘米，旱坡地砾质性强，冲垄田土体中下部多存在砾石层等障碍层次，土壤中速效钾和有效钙、镁、硼、钼、硅多较缺乏，土壤瘠薄。皖南山区沟谷冲垄稻田潜育型水稻土、冷浸田面积较大（图3-9），冷、烂、毒、瘦等问题突出。因降水季节分配不均，夏季洪涝频繁，秋冬季常有干旱。

图3-9　皖南山区的冷浸田

2）主要治理措施

施用石灰、土壤改良剂,改良土壤酸性,治理潜育冷浸田。结合高标准农田建设,完善田间水利设施,增强垄田排水能力,杜绝冷泉冷水,降低地下水位,改良潜育冷浸田。实行山、水、田、林、路综合治理,修建梯田梯地,推广等高种植、水肥一体化、保护性耕作、生态护坡和生物覆盖技术,控制水土流失。种植绿肥,秸秆还田,增施有机肥,补施钾肥和钙、镁、硅、硫、钼、硼等中量、微量元素肥料,培肥土壤。

### 5.皖西大别山区

耕地土壤类型主要为黄棕壤、水稻土,红壤、黄褐土、紫色土、(灰)潮土也占有一定的面积。地形地貌复杂,垂直分布明显,生态较脆弱,农业基础设施相对薄弱,是安徽省水稻、油菜及茶、桑等的主要产地。如图3-10所示为大别山区农田景观。

图3-10 大别山区农田景观(邬刚 供)

1）耕地质量主要问题

皖西大别山区坡耕地面积大,水土流失严重(图3-11),土层浅薄,砾质性强,土壤瘠薄。山区沟谷冲垄稻田冷浸田面积较大,冷、烂、毒、瘦等问题突出。因降水季节分配不均,夏季洪涝频繁。

2）主要治理措施

结合高标准农田建设,完善田间水利设施,增强垄田排水能力,杜绝冷泉冷水,降低地下水位,治理改良冷浸田。实行山、水、田、林、路综合治理,修建梯田梯地,推广等高种植、水肥一体化、保护性耕作、生态护坡和生物覆盖技术,控制水土流失。种植绿肥、秸秆还田、增施有机肥,培肥土壤。

图3-11　水土流失严重,导致河道淤积

## 第四节　建设成效

### 一　抗灾减灾作用显著

2019年大旱、2020年大涝,安徽省高标准农田建设项目区都经受住了考验,抗旱排涝成效明显,抗灾减灾作用显著,如图3-12所示为高标准农田建设的水利基础设施建设,项目区粮食产能稳定性水平明显高于非项目区。2021年,安徽省高标准农田建设500.18万亩(33.35万公顷),新增和改善灌溉达标农田面积413.3万亩(27.55万公顷),新增和改善排水达标农田面积402万亩（26.80万公顷）,新增节水灌溉农田面积151.38万亩（10.09万公顷）。

### 二　粮食综合生产能力提升

2020年度高标准农田建成后,亩均增收50千克以上,产量稳定在400亿千克以上,为安徽省夏粮"十八连丰"做出了积极贡献。2021年度项目建成,新增粮食产能37 689.47万千克、棉花74.88万千克、油料

1 638.86万千克、糖料8.8万千克、其他农产品1 702.09万千克。如图3-13所示为高标准农田的超高产水稻栽培。

图3-12　高标准农田建设的水利基础设施建设

图3-13　高标准农田的超高产水稻栽培

## （三）农民收入增加

　　项目区农业生产条件的改善和科技的普及，农业产业结构的调整，不仅提高了农产品产量和质量，而且降低了农业生产成本，农民收入大幅增加。2021年度项目建成后，惠及100.78万户农户，直接受益农民年纯收入增加总额11.11亿元，项目区农民年人均纯收入比非项目区高出350元。

### 四 绿色发展步伐加快

2021年,安徽省高标准农田建设增加了农田林网防护、治理沙化土地和控制水土流失面积等举措,有效改善了农田生产条件,保护了农田生态环境。项目区开展农药化肥减量施用、种养废弃物综合利用建设,采取减量化、再利用、资源化等方法,发展循环经济,提高资源利用效率,促进绿色农业发展。统筹推进生态田园与美丽村庄建设,打造生产、生活、生态"三生融合"的美丽乡村(图3-14)。

图3-14 现代乡村美丽如画

### 五 高质量建设持续用力

目前安徽省已累计建成高标准农田5 510万亩(367.55万公顷),"十四五"末将新建高标准农田1 300万亩(86.67万公顷)以上;确保粮食播种面积稳定在1亿亩(666.67万公顷)以上,产能稳定在400亿千克以上。项目建设将统筹推进农田建设、农机深松整地作业、化肥减量增效示范和科学施肥、畜禽粪污资源化利用等,形成耕地质量建设与提升的合力。积极开展"农牧结合、种养循环"肥水还田耕地质量建设新路径探索实践,实现粪污资源化利用、耕地质量提升、种养双赢的综合效应。

# 第四章 秸秆还田技术

秸秆作为农业生产的主要副产品，含有丰富的有机碳及大量的氮、磷、钾、硅等农作物生长所必需的营养元素，是一类重要的、能直接利用的可再生生物资源、纯天然的有机肥源。通过秸秆还田和循环利用，可将秸秆本身所含有的丰富的有机成分和营养元素作为土壤有机质和养分的补给源，参与土壤生态系统的物质循环，持续增加土壤有机质和养分含量，保持土壤自然肥力。

## ▶ 第一节 秸秆还田方式及模式、作用

秸秆还田是指将收获的除可食、可用部分外的剩余或废弃的农作物植株体，在下茬作物种植前，直接翻压入耕层，或覆盖耕层土表，或间接通过堆（沤）腐，或作为动物饲料后再将粪便施用到农田土壤中的一种农业生产过程和行为。

### 一 还田方式

秸秆还田的方式主要有直接还田、间接还田、炭化还田等数种。

#### 1.直接还田

秸秆直接还田是目前农业上应用最为普遍的一种还田方式。秸秆直接还田包括高茬还田、覆盖还田和粉碎翻耕还田等。其中，高茬还田指用机械等将作物留茬秸秆翻入土中；覆盖还田指在作物收割后将秸秆直接或粉碎覆盖在土壤表层，起抗旱保墒作用；粉碎翻耕还田指用旋耕机将秸秆粉碎后均匀翻耕入土，粉碎翻耕还田包括秸秆粉碎还田、根茬粉碎

还田、整秆翻埋还田等多种形式。如图4-1所示为水稻籽粒机械收获与秸秆粉碎,如图4-2所示为秸秆机械粉碎翻压还田。

图4-1　水稻籽粒机械收获与秸秆粉碎(李若清　供)

图4-2　秸秆机械粉碎翻压还田(李若清　供)

### 2.间接还田

秸秆间接还田是指先将秸秆处理后再还田的一种方式。秸秆间接还田又可分堆肥还田、过圈还田、过腹还田等。其中,堆肥还田即将作物秸秆与畜禽粪污、辅料等混合,加入适宜的微生物菌剂进行高温发酵腐熟后,作为有机肥料还田(图4-3);过圈还田即将秸秆与畜禽粪污堆沤发酵后还田;过腹还田即将秸秆作为饲料,待牲畜食用秸秆消化排泄后,再将排泄物简单堆沤处理后用作肥料还田。

图4-3　农作物秸秆与畜禽粪污堆肥

### 3.炭化还田

炭化还田是指将植物秸秆、树木等生物质在完全或部分缺氧的情况下,先经热解炭化产生一类高度芳香化难熔性固态物质(生物质炭)再还田的一种方式。生物质炭的元素组成主要有碳(66.6%~87.9%)、氢(1.2%~2.9%)、氧(10.6%~26.6%)。此外,还有钾、钙、钠、镁、硅等[1]。生物质炭有着较大的比表面积以及较多的酸性和碱性官能团。

## 二　还田模式

秸秆还田模式可分为玉米秸秆深翻养地技术模式、麦秸覆盖玉米秸旋耕还田技术模式、少免耕秸秆覆盖还田技术模式、稻麦秸秆粉碎旋耕还田技术模式、秸秆快速腐熟还田技术模式、棉花秸秆深翻还田技术模式等。

---

① 王丽渊,李小龙,任天宝,等.生物质炭化还田作为土壤改良与循环农业的技术途径分析
　[J].湖北农业科学,2020,59(14):18-23.

## 三 重要作用

### 1.循环农业

在现代农业生产过程中,秸秆还田是一项重要的技术措施。秸秆还田可使秸秆中含有的营养物质返还到土壤中,供作物吸收,促进农田生态系统内部物质的良性循环。

### 2.种养结合

秸秆还田可提高土壤的有机质含量,增加农田土壤的固碳量,降低土壤容重,改善土壤结构,提高土壤肥力,改善因化肥的过度施用导致的土壤酸化、板结、地力衰退等问题,是种地养地相结合、改善和提高土壤质量、促进生态农业可持续发展的重要保证。

### 3.节肥增效

秸秆还田不仅可增加土壤速效养分含量、促进土壤养分循环,而且具有促进作物增产、减少化肥施用量、节约农业生产成本、缓解土壤重金属污染等作用,是农业增效、农民增收、提高农作物产量、改善农产品品质的重要措施。

### 4.生态环境

秸秆焚烧不仅浪费了秸秆资源,而且还会带来不同程度的空气污染(图4-4)。秸秆还田配施化肥可减少10%~20%的化肥用量,减少温室气体排放,对保障我国农业可持续发展及生态环境健康具有重要的意义。

图4-4 秸秆焚烧浪费资源,污染空气

## 第二节　秸秆资源数量

下面主要从草谷比、主要粮食作物秸秆资源、区域分布、"五料化"比例等方面来概述一下全国秸秆资源数量。

### 1.草谷比

草谷比是指作物的生物产量与经济产量的比值,农业生产上可用其来计算一定作物经济产量水平下秸秆资源数量。一般来说,水稻、小麦、玉米、大豆、马铃薯、花生、油菜的草谷比分别取值1.0、1.1、1.2、1.6、0.5、1.5、3.0。

### 2.主要粮食作物秸秆资源

农业农村部统计数据显示,2016年我国主要农作物秸秆产生总量有9.84亿吨。其中,玉米、水稻、小麦、棉花、油菜、花生、豆类、薯类及其他作物秸秆产生量分别占秸秆总量的41.92%、23.23%、18.36%、2.44%、3.10%、2.04%、2.84%、3.74%、2.33%。玉米、水稻、小麦三大作物秸秆产生量占秸秆总量比例达到83.51%,是秸秆的主要来源。玉米秸秆资源主要在我国东北和华北地区富集,并沿对角线向西南地区延伸。东北和华北地区玉米秸秆资源占全国总量的68.1%,其中以黑龙江、吉林、山东、河北、河南五省资源最为集中,五省玉米秸秆资源合计占全国总量的56.9%。水稻秸秆资源出现南北两极,分别是以黑龙江为极心的东北地区和以湖南、江西为极心的江南地区(包括长江中下游、西南和东南地区),黑龙江、湖南、江西三省水稻秸秆资源合计占全国总量的37.0%。小麦秸秆资源主要分布在华北地区,以山东、河南为中心,向南北出现短线扩散,向西部沿河西走廊深度延伸,华北地区小麦秸秆资源占全国总量的59.3%。

### 3.区域分布

我国秸秆资源主要集中于东北地区、黄淮海地区、长江中下游地区。另外,在西北干旱地区和西南地区也有大量的秸秆资源。东北地区秸秆资源约有68.07%为玉米秸秆,约20.82%为水稻秸秆。黄淮海地区秸秆资源约有43.87%为玉米秸秆,约43.63%为小麦秸秆。长江中下游地区秸秆资源约52.28%为水稻秸秆,约21.77%为小麦秸秆,约10.77%为玉米秸秆。长江中下游地区的水稻秸秆年产量较大,占全国水稻秸秆资源总量的57.7%;东北、西南和南方地区的水稻秸秆产量基本相当,分别占全国水稻秸秆资源总量的14.5%、13.4%和12.3%。小麦秸秆主要分布于华北地区,其次为长江中下游地区,二区小麦秸秆分别占全国小麦秸秆资源总量的61.4%和25.0%。玉米秸秆则集中分布于华北和东北地区,二区玉米秸秆分别占全国玉米秸秆资源总量的39.9%和37.2%。

### 4."五料化"比例

全国秸秆可收集量约为8.24亿吨,秸秆肥料化、饲料化、燃料化、基料化、原料化(简称"五料化")利用总量达到6.73亿吨。全国秸秆综合利用率达到81.68%,其中秸秆肥料化、饲料化、燃料化、基料化、原料化利用率分别为47.20%、17.99%、11.79%、2.23%、2.47%,农用为主的综合利用格局已经形成。华北区以肥料化利用为主,饲料化利用为辅,二者利用量分别占该区秸秆可收集量的54.21%、25.80%;西北区则是饲料化和肥料化同步推进,利用量占比均为38%;华东区和中南区以肥料化利用为主,二区利用比例分别为60.92%、53.02%;东北区和西南区利用结构相似,均以秸秆肥料化、饲料化、燃料化为重点途径,其中东北区三者利用比例分别为29.19%、14.88%、16.41%,西南区三者利用比例分别为37.38%、18.08%、13.96%。

## ▶ 第三节 秸秆养分资源与化肥替代潜力

### ● 全国秸秆养分资源数量

秸秆作为农业生产中重要的副产物,含有丰富的养分。2015年,我国主要农作物秸秆资源所含的氮(N)、磷($P_2O_5$)、钾($K_2O$)养分资源总量分别达到625.6万吨、197.9万吨、1 159.5万吨。

水稻秸秆氮养分资源主要分布在长江中下游农区,其次分布在东北农区、西南农区和南方农区,安徽水稻秸秆氮养分资源量占全国总量的

8.1%。小麦秸秆氮养分资源集中分布在华北农区和长江中下游农区,安徽小麦秸秆氮养分资源量占全国总量的11.9%。玉米秸秆氮养分资源主要分布于华北农区和东北农区。从全国范围来看,安徽主要粮食作物秸秆氮养分资源量占总量的5.8%。

同一作物秸秆同一养分量地区差异较大。水稻秸秆中氮和钾均以长江中下游地区稻麦轮作制度下为最高(每公顷69.1千克氮、172.0千克氧化钾),最低是东南地区双季稻中的晚稻(每公顷45.1千克氮、112.3千克氧化钾)。小麦秸秆中氮和钾均以华北地区小麦-玉米轮作制度下为最高,西北地区小麦-玉米轮作制度下为最低,平均高出49.2%。玉米秸秆中氮和钾均以东北地区水稻和玉米单作制度下为最高,西南地区水稻和玉米单作制度下为最低,平均高出27.6%。

综合大量研究数据发现,不同作物每公顷最佳施肥量平均数分别为157.3千克氮、83.2千克五氧化二磷和107.3千克氧化钾,秸秆全量还田的氮、五氧化二磷、氧化钾施入量分别占作物最佳施肥量的34.6%、18.6%和82.1%。

## 二 全国化肥替代潜力

### 1.不同种植制度

1)双季稻种植区

早稻秸秆全量还田平均可以替代下季晚稻29.8%氮、27.8%五氧化二磷和85.8%氧化钾的化学养分施用量。晚稻秸秆全量还田平均可以替代下季早稻32.8%氮、27.1%五氧化二磷和102.7%氧化钾的化学养分施用量。

2)冬小麦夏玉米轮作区

小麦秸秆全量还田平均可以替代夏玉米14.8%氮、11.8%五氧化二磷和74.2%氧化钾的化学养分施用量。夏玉米2/3秸秆还田基本可以替代冬小麦化肥钾的施用量,全量还田可以替代冬小麦35.6%氮和22.8%五氧化二磷的化学养分施用量。

3)水稻、玉米单作区

水稻2/3秸秆还田基本可以替代下季水稻化肥钾的施用量,全量还田可以替代下季水稻38.1%氮和33.9%五氧化二磷的化学养分施用量。玉米秸秆全量还田可以替代下季玉米31.4%氮和26.2%五氧化二磷的化学养分

施用量,同时可完全替代化肥钾施用量。

4)稻麦轮作区

水稻2/3秸秆还田可完全替代下季小麦化肥钾的施用量,全量还田可以替代下季小麦34.0%氮和34.7%五氧化二磷的化学养分施用量。小麦秸秆全量还田可以替代下季水稻19.7%氮、12.0%五氧化二磷和54.2%氧化钾的化学养分施用量。

### 2.氮肥替代

从全国范围来看,水稻、小麦和玉米秸秆还田当季的化学氮肥可替代量每公顷分别为33.6千克、23.4千克和51.2千克。主要粮食作物秸秆还田的化学氮肥可替代总量位于全国前列的省(区)有黑龙江、河南、吉林、山东、河北、内蒙古、安徽和江苏等。

1)水稻秸秆还田

我国长江中下游农区水稻秸秆还田的化学氮肥可替代量较大,每公顷为37.9千克。华北、东北和西南农区水稻秸秆还田的化学氮肥可替代量相差不大,每公顷分别为31.9千克、30.7千克和30.0千克;南方农区稍低,每公顷为26.4千克。湖南、江西、江苏、黑龙江、湖北和安徽等省份水稻秸秆还田的化学氮肥可替代总量较大,每公顷水稻秸秆还田当季化学氮肥可替代量为34.6~46.5千克。

2)小麦秸秆还田

华北和长江中下游农区的小麦秸秆化学氮肥可替代量相对较大,每公顷分别为25.9千克、23.3千克;西南农区较低,每公顷为13.7千克。河南、山东、安徽、河北和江苏等省份小麦秸秆还田化学氮肥可替代总量较大,每公顷为22.2~27.4千克。

3)玉米秸秆还田

东北农区玉米秸秆还田的化学氮肥可替代量最大,每公顷为61.1千克;西南和南方农区玉米秸秆还田的化学氮肥可替代量相对较小,每公顷分别为32.6千克、29.9千克。黑龙江、吉林、内蒙古、山东、河南、河北和辽宁等省(区)玉米秸秆还田的化学氮肥可替代总量较大,每公顷为54.3~70.7千克。

## 第四节　秸秆腐解特征

还田作物秸秆的腐解是在物理、化学作用,尤其是微生物作用下共同完成的,是一个复杂而漫长的过程。在陆地生态系统中,秸秆腐解产物是土壤有机质的重要来源。

### 一　主要作物秸秆的腐解

作物秸秆腐解和养分释放具有前期快速、后期缓慢的特点。前期快速是由于秸秆中可溶性碳水化合物、有机酸等非结构性、易分解物质迅速释放,为土壤微生物提供了大量的碳源和营养物质,使得微生物数量增多、活性增强,秸秆分解加速。后期缓慢是由于作物秸秆中易分解成分被消耗殆尽,剩余的一些难分解组分(如木质素等)较为稳定,微生物利用难度增加,从而导致秸秆腐解速度减慢。

1.玉米

玉米秸秆质量残留率随培养时间延长呈逐渐下降的趋势,且在0~60天下降较快,之后(60~180天)逐渐减缓。

2.小麦

麦秸腐解表现为前期较快而后期较慢,腐解20天时完成总腐解的75%,之后进入缓慢腐解阶段。水稻种植期间,0~30天小麦秸秆腐解较快,后期腐解速度逐渐变慢;90天时累计腐解率可达61.3%。秸秆中养分释放速率由大到小依次为钾(K)>磷(P)>氮(N)≈碳(C)。

3.油菜

油菜秸秆还田的腐解率随时间延长而逐渐增大,秸秆腐解速度表现为早期快(0~30天)、后期慢(30~120天)的特点。120天时,油菜秸秆累积腐解率为46.08%~52.34%,碳、氮、磷和钾的释放率分别为44.25%~51.52%、51.19%~54.87%、52.82%~58.45%和96.61%~97.46%。

4.水稻

翻压还田的水稻秸秆腐解规律表现为0~5天秸秆腐解速度最快,累积腐解度为7.25%~8.79%;5~30天腐解速度较快,累积腐解度为10.95%~14.94%;30~150天腐解速度放缓,累积腐解率为15.48%~19.90%。

双季稻地区,早稻(90天腐解)和晚稻(120天腐解)秸秆的平均腐解率分别为64%和72%。秸秆在还田后的前15天腐解速度较快,秸秆在还田后的30~90(120)天腐解速度放缓。晚稻季秸秆腐解率高于早稻季,常规籼稻秸秆腐解率高于杂交籼稻,杂交籼稻秸秆腐解率高于杂交粳稻。在当季水稻生育期结束时,还田秸秆的氮释放率为60%~70%,碳释放率为70%~80%。

### （二）秸秆腐解率与养分释放率

作物秸秆覆盖或翻压还田后,秸秆腐解率和养分释放率因秸秆物质组成、土壤环境条件不同而具有一定差异性。数据分析表明,我国水稻、小麦和玉米秸秆在下季作物生长过程中的腐解率统计值分别为58.6%、60.0%和57.9%,平均为58.8%;氮素当季释放率分别为54.9%、51.4%和61.9%,平均为56.1%;磷素当季释放率分别为60.9%、65.3%和73.0%,平均为66.4%;钾素当季释放率分别为90.1%、93.3%和92.3%,平均为91.9%。

### （三）还田方式与还田量

#### 1.还田方式

秸秆在土埋(翻压)、露天(覆盖)、水泡(淹水覆盖)3种不同还田方式下,小麦、油菜秸秆120天后的累积腐解率分别为59.5%~60.3%、40.2%~49.8%和40.2%~49.8%,作物秸秆的腐解率由大至小依次为土埋>露天>水泡。3种不同还田方式秸秆氮素释放率分别为50.8%~58.2%、58.7%~61.3%、63.9%~74.9%,磷素释放率分别为66.5%~81.3%、92.1%~96.5%、98.6%~100%,钾素释放率分别为41.9%~46.5%、56.0%~64.3%、74.3%~77.6%。作物秸秆磷的释放率最大,氮次之,钾最小;3种不同还田方式作物秸秆养分释放率由大至小依次为水泡>露天>土埋。

常规耕作、旋耕、耙耕、翻耕和免耕相比较,免耕模式的秸秆腐解率较低。麦田埋深14厘米的秸秆腐解速度最快,覆盖在表层的则较慢。

#### 2.还田量

在一定还田量范围内,秸秆腐解率及腐解速度随着还田量的增加而增加。相同水稻栽培模式下,随着小麦秸秆用量的增加,秸秆腐解率有逐渐降低的趋势。不同用量秸秆腐解率的差异仅在30天时达到显著水平,随着秸秆腐解时间的延长,这种差异逐渐减小,60天和90天时,不同用量秸秆腐解率的差异均不显著。

## （四）轮作制度

### 1.小麦-玉米轮作

小麦-玉米轮作体系中,小麦秸秆腐解呈现前期快后期慢的特点,前两周为快速腐解期,秸秆平均腐解率为46%,整个玉米季(100天)秸秆平均腐解率为71%。从第二周开始,增施氮肥可加速秸秆腐解,秸秆腐解率可提高6个百分点。施用氮肥能够促进小麦秸秆腐解和碳释放,其效果在秸秆还田两周后才能显现出来。187天后,秸秆氮、磷、钾养分最终释放率大小顺序依次为钾(96%~97%)>氮(52%~86%)>磷(29%~45%)。玉米秸秆的腐解在0~60天下降较快,60~180天逐渐减缓。至60天时,玉米秸秆累积腐解率为47.9%~60.8%;180天时,玉米秸秆累积腐解率为65.9%~77.4%。

### 2.水旱轮作

不同作物秸秆的腐解特征在水旱轮作制度下也呈现出明显差异。水作条件下,腐解120天,水稻、小麦和油菜秸秆覆盖处理的累积腐解率分别为21.2%、20.6%和27.2%;翻压处理的累积腐解率则分别为69.3%、55.4%、64.6%。节水栽培模式下,小麦秸秆还田腐解率和养分释放率均显著高于常规栽培模式。在相同秸秆还田用量情况下,节水栽培模式与常规栽培模式(90天)相比,小麦秸秆腐解率提高了14.8%~18.6%。

旱作条件下,腐解120天,水稻秸秆覆盖和翻压处理的累积腐解率分别为12.7%、38.3%,均低于水作处理。210天后,水稻秸秆覆盖和翻压处理的腐解率分别可达40.4%和60.9%。在相同的腐解时间内,作物秸秆的腐解率依次表现为翻压处理>覆盖处理=水作处理>旱作处理。覆盖处理的水稻、小麦和油菜秸秆氮累积释放率分别为25.1%、14.3%和27.8%,而翻压处理的氮累积释放率则分别达到45.6%、37.0%和51.6%。

旱地秸秆累积腐解率依次表现为油菜>水稻>玉米>小麦>蚕豆的趋势,水田中秸秆累积腐解率依次表现为水稻>玉米>小麦>油菜>蚕豆的趋势。

## （五）影响因素

### 1.碳氮比

秸秆中碳氮含量对秸秆的腐解速率至关重要,秸秆中初始的碳氮比(C/N)通常可作为预测秸秆降解动态的重要指标。一般来说,微生物对有机物降解的适宜碳氮比为25,碳氮比过高或过低均会影响微生物对秸秆的分解和秸秆养分的释放。碳氮比>25的禾本科作物(水稻、小麦、玉米等)秸秆还田,微生物对土壤氮素的固持作用加强,土壤可利用氮水平降低,秸秆分解初期可能会出现土壤无机氮含量短暂下降的现象,这类秸秆还田后应适当增施氮素,弥补作物氮素供应的不足。豆科绿肥的秸秆碳氮比<25时,秸秆有机氮矿化,土壤氮含量增加。

### 2.土壤与气候

秸秆氮素释放率受到秸秆碳氮比、土壤全氮、年均温的显著影响,磷素释放率受到相对湿度、土壤全氮、秸秆氮磷比的显著影响,秸秆中钾素的释放率受到秸秆碳氮比、秸秆氮磷比和相对湿度的显著影响。气候、土壤和秸秆属性共同制约着秸秆氮素和磷素的释放率,秸秆属性和气候条件制约着秸秆钾素的释放率。气候条件对秸秆氮素和磷素释放量的影响大(平均贡献率为19.5%),土壤条件对玉米、小麦秸秆氮、磷释放量的影响仅次于气候条件(平均贡献率分别为16.6%和14.8%)。

## （六）添加氮素对不同秸秆的影响

### 1.水稻秸秆

添加外源氮可以显著提高水稻秸秆的累积腐解率,但不同外源氮的添加对水稻秸秆不同时期的腐解特征有着显著影响。在0~30天,添加尿素比添加尿素硝酸铵和添加石灰氮的水稻秸秆腐解率分别高5.00%和10.53%;30~150天,添加石灰氮比添加尿素和添加尿素硝酸铵的水稻秸秆腐解率高8.70%。添加尿素的水稻秸秆腐解前期促腐效果最佳,添加石灰氮的水稻秸秆腐解后期促腐效果最佳。

### 2.油菜秸秆

添加氮素可提高油菜秸秆的累积腐解率10.80%~13.59%,但不同形态氮素对秸秆的腐解特征和碳、氮、磷、钾等养分释放速率的效应不同。添加尿素,30天时油菜秸秆的腐解率达40.39%,120天时腐解率达51.06%;添加尿素硝酸铵,30天时油菜秸秆腐解率达40.67%,30~60天腐解率上升7.54%,120天时腐解率为51.63%;添加石灰氮,60天时油菜秸秆腐解率达44.37%,120天时腐解率为52.34%。添加尿素硝酸铵,120天时油菜秸秆累积腐解率比不施氮对照提高12.04%,碳、氮和磷累积释放率分别提高9.33%、7.19%和6.97%。综合来看,添加尿素硝酸铵促进油菜秸秆腐解的效果较为显著。

### 3.玉米秸秆

外源添加谷氨酸、硫酸铵和碳酸氢铵均能促进玉米秸秆的腐解。外源添加谷氨酸处理的碳素残留率为16.9%,比添加硫酸铵处理低7.9%;氮素残留质量是其初始质量的21.57%,比对照低25.16%;外源添加谷氨酸、硝酸钙和碳酸氢铵会减缓玉米秸秆中磷素的释放速率。外源添加尿素处理的钾素残留质量是其初始质量的60.8%,比对照低14.6%。

### 4.小麦秸秆

添加氮肥主要通过提高水解酶活性加速小麦秸秆腐解。堆腐120天时,单独加氮肥小麦秸秆腐解率达到74.70%。采用尿素硝酸铵溶液作为氮素调理剂可有效降低小麦秸秆堆肥碳氮比,促进小麦秸秆腐解。

## ▶ 第五节　秸秆还田对土壤物理性质的影响

## 一　水稻土

### 1.土壤容重

土壤容重常用于农业生产中,是反映土壤物理性质的重要指标,土壤容重<1.35克/厘米$^3$是作物生长适宜的范围。水旱轮作制下,秸秆还田后可显著降低0~5厘米土层的容重,而5~15厘米、15~25厘米土层的土壤容重基本不受秸秆覆盖的影响。连续种植5季作物后,不施秸秆处理的0~5厘米土层的土壤容重为1.40克/厘米$^3$,秸秆覆盖还田土层的土壤容重

降低到1.27~1.32克/厘米$^3$，降低幅度为6.31%~9.71%。主要是因为秸秆覆盖减少了人为耕作与降水对表层土壤的直接压实，并可减轻灌溉后由于强烈蒸发使表层土壤收缩而形成的龟裂及板结，为保持土壤疏松创造了条件。提高秸秆用量，土壤容重的降低幅度也随之加大。3季水稻收获后，秸秆还田可加速表层土壤容重的降低趋势。秸秆覆盖还田，第2个水稻季比第1个水稻季、第3个水稻季比第2个水稻季的0~5厘米土层土壤容重均有不同程度降低，降低幅度分别为3.30%~4.86%和5.55%~8.40%。秸秆覆盖还田对表层土壤容重有显著的改善效应。

### 2.土壤含水量

土壤水分含量的高低及分布情况影响着土壤性状，进而间接作用于作物的生长发育过程。秸秆覆盖还田的土壤含水量较未还田的土壤含水量高。秸秆覆盖还田比不还田对照的0~5厘米土层土壤含水量增加3.19%~19.49%，5~15厘米土层土壤含水量增加4.45%~19.10%，15~25厘米土层土壤含水量受秸秆覆盖影响较小。秸秆覆盖层的存在可减少地表径流和地表水分蒸发，再加上秸秆覆盖下土壤导水率提高，可增加水分的入渗，这些因素都有利于增加土壤的有效水分储量。秸秆覆盖还田不仅有利于增加土壤表层的含水量，而且在表层以下一定深度土层的土壤含水量也有明显增加。与土壤容重的变化规律相似，增加覆盖秸秆用量对土壤含水量的提高也有明显的正效应。

### 3.土壤团聚体

土壤团聚体作为土壤的重要组成部分，其粒径大小直接影响土壤养分的保持与供应。秸秆还田土壤0~20厘米土层中，>2毫米和1~2毫米大团聚体含量分别增加23.3%和28.6%；20~40厘米土层，>2毫米、1~2毫米、0.25~1.00毫米大团聚体含量提高10.1%~27.4%，0.053~0.250毫米和<0.053毫米微团聚体含量降低25.9%~31.0%；秸秆还田土壤0~20厘米和20~40厘米土层中，>0.25毫米大团聚体含量总计分别为76.1%和75.2%，分别增加3.4%和16.8%。秸秆还田可改变土壤团聚体组成，大团聚体(>1毫米)含量增加，微团聚体(<0.25毫米)含量降低。由此可见，秸秆还田有利于土壤微团聚体向大团聚体转化。

## 二 砂姜黑土

秸秆还田处理4年后，秸秆不还田的砂姜黑土土壤容重为1.24~1.31克/厘米$^3$，而秸秆还田的土壤容重则为1.14~1.20克/厘米$^3$，土壤容重下降幅度为2.5%~9.2%。秸秆还田可提高砂姜黑土土壤含水量，提高幅度为8.2%~28.5%，表层土壤贮水量提高4.1%~19.9%。秸秆不还田的土壤总孔隙度变化范围为50.7%~54.6%，秸秆还田的土壤总孔隙度为53.0%~57.1%，秸秆还田的土壤总孔隙度显著高于秸秆不还田。秸秆不还田的土壤毛管孔隙度在27.3%~29.5%范围变化，而秸秆还田的土壤毛管孔隙度为33.9%~41.0%，增加了18.9%~41.0%，秸秆还田土壤非毛管孔隙度降低6.4%~38.8%。

## 三 典型砂质潮土

秸秆还田能促进>1毫米、0.5~1.0毫米、0.25~0.50毫米粒级团聚体的形成，降低<0.053毫米的微团聚体数量。秸秆还田，可使>1毫米粒级团聚体数量提高15%~105%；0.5~1.0毫米粒级团聚体提高19.48%~114.53%；0.25~0.50毫米粒级团聚体提高4.02%~61.49%；>0.25毫米大团聚体含量最高，提高幅度为65.22%；<0.053毫米的微团聚体数量降低幅度为11.12%~36.58%。

## ▶ 第六节  秸秆还田对土壤化学性质的影响

## 一 水稻土

### 1.双季稻

在双季稻生产中，秸秆还田2年后0~20厘米水稻土土层有机质、全氮、有效磷、速效钾的含量，以有机肥部分替代化肥施用效果为最好，其次是秸秆还田处理。有机肥部分替代化肥和秸秆还田处理的土壤，有机质、全氮含量高于单施化肥；有机肥部分替代化肥和秸秆还田的土壤，有效磷含量显著增加,有机肥部分替代化肥与秸秆还田对提升土壤有效磷含量效果相当;秸秆还田的土壤,速效钾含量高于有机肥部分替代化肥和单施化肥。

**2.水旱轮作**

水旱轮作制下连续秸秆覆盖可以有效提高土壤有机质含量。整个耕层土壤(0~25厘米)以油菜秸秆全量覆盖还田的土壤有机质含量为最高,其次为小麦秸秆全量覆盖还田。至第5季水稻收获后,油菜秸秆全量覆盖还田、小麦秸秆全量覆盖还田的土壤有机质含量分别增加6.27%和5.78%。表层土壤(0~5厘米)有机质增加幅度最大,第4季油菜、第5季水稻收获后经秸秆覆盖处理的土壤有机质含量增幅分别为5.38%~7.11%和6.08%~7.53%。秸秆覆盖还田不仅可有效增加耕层土壤有机质含量,而且可增加土壤剖面有机质含量。

秸秆覆盖还田可明显增加土壤碱解氮、有效磷和速效钾含量,秸秆覆盖对表层土壤(0~5厘米)的影响更明显,土壤速效养分含量的增幅随覆盖秸秆用量的增加而提高。不同作物秸秆覆盖还田中以油菜秸秆全量覆盖处理的土壤碱解氮、有效磷和速效钾含量为最高,小麦秸秆全量覆盖的次之。秸秆还田对土壤速效钾含量的效应尤为明显。自秸秆覆盖还田1季后,土壤速效钾含量就得到了显著增加。以0~5厘米土层为例:在第1季水稻收获后,秸秆覆盖还田的土壤速效钾含量与对照的差异就非常显著;第5季水稻收获后,秸秆覆盖处理的土壤速效钾含量的增幅为7.64%~15.33%,明显高于经相应处理的有效磷(7.52%~10.03%)和碱解氮(7.30%~8.74%)含量的增幅。5~15厘米、15~25厘米土层速效养分含量受秸秆覆盖影响的变化规律与0~5厘米土层相似。

稻麦两熟区,连续秸秆还田可显著提高耕层土壤养分含量。其中,稻麦双季少耕和秸秆减量还田下的土壤有机质和全氮含量分别增加29.64%和19.76%,具有明显的养分积累效果。稻麦轮作秸秆还田,土壤有机质、全氮、速效钾含量均显著增加。对于粉砂壤水稻土,长期秸秆还田配施适量钾肥,可以维持土壤肥力,提高作物产量,提高氮肥的利用效率。

## 二 砂姜黑土

玉米秸秆还田可提高土壤有机碳含量12.9%~14.4%、碱解氮含量

21.4%~25.6%、有效磷含量17.9%~20.5%、速效钾含量25.9%~29.8%。高量或中量秸秆还田条件下,大量秸秆进行腐解,养分释放量增加。然而,当秸秆还田量超出一定范围后,秸秆腐解率会随着投入量的增加而降低,土壤养分含量呈现下降趋势。

施加生物炭的耕层土壤有机质含量显著高于其他处理。"秸秆常规还田+生物炭"处理的土壤有机质含量小麦拔节期增加26.46%,小麦成熟期增加46.01%,玉米拔节期增加 26.74%,玉米成熟期增加26.83%。

在不同翻耕方式下,秸秆还田对土壤碱解氮、速效钾提升的贡献显著高于单施化肥;秸秆免耕覆盖下,因腐解缓慢,对土壤速效养分的贡献较小。深翻处理增加了耕层厚度及0~20厘米耕层土壤速效养分含量,但在0~10厘米表层中的含量明显低于旋翻和免耕处理。免耕处理下,土壤速效养分主要集中于表层土壤中。

### （三）典型旱地红壤

秸秆还田显著提高了土壤有机碳含量。秸秆生物质炭还田的土壤有机碳含量上升了1.96倍,土壤总氮和速效钾含量分别提高1.62倍和2.42倍。秸秆/猪粪还田的土壤总磷和有效磷含量分别提高2.94倍和36.68倍。

### （四）全国范围土壤

#### 1.区域分布

秸秆还田能显著增加农田土壤全土层12.1%的有机碳含量。在我国,华东地区秸秆还田能够增加14.6%的土壤有机碳含量;西北和西南地区秸秆还田土壤有机碳含量分别增加12.4%和13.8%,均高于全国平均水平;东北和华北地区秸秆还田有机碳含量分别增加9.3%和10.8%;在华中地区,秸秆还田土壤有机碳含量增加7.7%。

#### 2.气候条件

当年均降水量为0~400毫米、400(不含)~600毫米、600(不含)~800毫米、>800毫米时,秸秆还田条件下土壤有机碳含量相对秸秆不还田分别显著增加11.4%、12.1%、9.0%、14.3%。随着年均温度的增加,秸秆还田对全土层土壤有机碳的增加效应先减小后增大。年均温度在0~10 ℃、10(不含)~15 ℃和>15 ℃的区域,秸秆还田土壤有机碳含量的增加幅度分别为

13.3%、10.5%和13.6%。

### 3.种植制度

秸秆还田条件下,种植水稻土壤能增加14.6%的有机碳含量,种植小麦土壤能增加9.9%的有机碳含量,种植玉米土壤能增加10.7%的有机碳含量。一年两熟制土壤有机碳增量最高,达11.7%;一年一熟制土壤有机碳增量居中,为11.2%;两年三熟制土壤有机碳增量最低,为8.7%。水旱轮作下土壤有机碳增量最高,达13.5%;其次是水田,为12.9%;旱地有机碳增量最低,为11.1%。总体上三者差异不大。在作物轮作模式中利用秸秆还田时,土壤有机碳含量显著增加11.6%;在无作物轮作的模式中,秸秆还田土壤有机碳含量可提高13.4%。

### 4.耕作制度

秸秆还田下免耕、翻耕和旋耕3种方式对土壤有机碳含量的增加效应呈递增趋势,分别为8.3%、9.2%和10.5%。

秸秆还田对全土层土壤有机碳含量的增加效应呈增加的趋势,还田年限在1~5年、6~10年和>10年时,分别显著增加10.6%、12.1%和13.5%的有机碳含量。

秸秆还田对全土层土壤有机碳含量的增加效应总体上随施氮量的增加呈先增加后减小的趋势。当每公顷施氮量为0~120千克时,秸秆还田可增加12.8%的有机碳含量;每公顷施氮量为120(不含)~240千克时,秸秆还田可增加13.7%的有机碳含量;每公顷施氮量>240千克时,秸秆还田可增加10.7%的有机碳含量。

## ▶ 第七节　秸秆还田的作物产量效应

### 一　作物产量构成因子

秸秆覆盖能够显著提高水稻有效穗数,而对穗粒数、结实率和千粒重影响不明显。除第1季水稻外,其余两季油菜秸秆还田全量覆盖的水稻有效穗数显著提高,产量显著提高。小麦季,秸秆覆盖显著提高了小麦有效穗数和穗粒数,其中有效穗数提高幅度为4.80%~8.72%。油菜季,秸秆覆盖对油菜单株角果数、每角粒数和千粒重均显示出正效应,秸秆覆盖还田后可显著提高油菜单株角果数和每角粒数,是油菜产量增加的主要原因。

## 二 主要粮食作物

秸秆还田能够显著提高农作物产量,增产率为7.5%~8.7%。在主要的粮食作物中,秸秆还田的产量效应表现出显著的差异。其中,秸秆还田对玉米的增产作用最大,增产率为8.38%~10.05%;对水稻的增产作用次之,增产率为6.55%~8.61%;对小麦的增产作用最低,增产率为4.89%~6.61%,均低于总体的平均水平。

### 1.不同区域

我国东南地区秸秆还田的主要粮食作物增产率最高,为8.11%~10.64%;西南地区为6.33%~10.38%;华北地区为7.24%~8.85%;东北地区为6.13%~9.42%;西北地区增产率最低,为5.50%~8.05%。

### 2.气候条件

秸秆还田的土壤增产效应在年均气温为5~10 ℃时的增产率最高,为7.67%~9.79%;在年均气温低于5 ℃时的增产率最低,为4.61%~10.69%。随着年均降水量的增加,秸秆还田的增产率呈现出先增加后降低的趋势。年均降水量<400毫米时,秸秆还田对农作物的增产率最低,为3.80%~7.34%;年均降水量>400毫米时,增产率显著提高;在年均降水量超过1 200毫米时,秸秆还田的增产率最高,为7.04%~12.21%。

### 3.土壤类型

秸秆还田在黏土、壤土及砂土3种土壤中对农作物的增产效应没有显著差异,这3种土壤秸秆还田增产率分别为6.77%~9.49%、8.07%~10.01%、5.15%~8.77%。秸秆还田在弱酸性土壤中更能发挥其增产效应,增产率为10.92%~14.01%;秸秆还田在中性土壤中的增产效应次之,增产率为6.90%~8.57%;秸秆还田在碱性土壤中增产效应最低,增产率为4.74%~7.98%。

### 4.耕作轮作方式

免耕与翻耕是最有利于发挥秸秆还田增产作用的耕作方式。翻耕方式下秸秆还田的增产率为10.05%~12.05%，免耕方式下秸秆还田的增产率为7.21%~10.79%，均高于总体的平均增产率。旋耕与深耕方式下，秸秆还田的增产率分别为5.30%~7.84%、4.40%~8.32%，均低于总体的平均增产率。

免耕与翻耕方式下，秸秆还田在一年一熟制耕作方式中的增产作用显著高于一年两熟制，增产率分别为8.00%~9.99%、7.00%~8.30%。

### 5.施肥模式

秸秆还田在正常的施肥模式下能够提高作物产量7.50%~8.68%，与总体的平均增产率一致，其他施肥方式也会影响秸秆还田的增产效应。不施任何肥料时，秸秆还田对农作物的增产效应显著提高，增产率为22.04%~29.38%，但不施肥时整体的产量水平较低；不施钾肥、正常施用氮磷肥时，秸秆还田的增产率最低，为2.33%~5.87%；不施氮肥、正常施用磷钾肥时，秸秆还田的增产率为4.12%~10.46%；低施氮肥与高施氮肥情况下，秸秆还田的增产率分别为4.09%~8.76%、2.63%~9.64%。

### 6.秸秆还田持续年限

随着秸秆还田持续年限的增加，作物的增产率在短期内略微降低后持续增加。持续秸秆还田10年、15年、20年，相应的增产率分别为7.59%~11.92%、9.78%~18.13%、11.05%~19.95%，增产效果显著。

## ▶ 第八节　秸秆还田技术要点

### 一 淮北砂姜黑土小麦秸秆还田技术

小麦秸秆采用机械粉碎全量还田时，使用带有切割装置的联合收割机收割小麦，收获的同时将小麦秸秆粉碎，切割至8~10厘米长度，并均匀抛撒。保留的小麦茬高度不超过10厘米，如图4-5所示为小麦机械收获与秸秆粉碎一体化。

增施氮肥，同时调节碳氮比，按照每亩增施纯氮量1.3~2.0千克，折合成每亩增肥尿素2.7~4.0千克，调节小麦秸秆的碳氮比为25:1左右。

有条件的地区可以每亩配施秸秆快速腐熟剂3~4千克,加快秸秆腐烂降解。先将秸秆用农具撒施均匀并摊开,之后再依次将氮肥和秸秆快速腐熟剂分别均匀撒施至小麦秸秆上,并洒水至适宜湿度。量少时可拌干细土或者细沙,全面均匀撒施于小麦秸秆上。

秸秆还田后,即对土壤进行翻耕,用带深旋耕的机械把下层的黏重土壤翻耕上来,使表层的轻质土壤与底层的黏重土充分混合,增加耕作层厚度,同时将80%以上的秸秆埋压于10厘米以下的土层。翻耕逐年进行,深度在15厘米左右,并

图4-5 小麦机械收获与秸秆粉碎一体化

耕透耙细,使新翻上来的土壤充分混合于耕作层土壤中。

## (二) 小麦-玉米轮作秸秆轮换集中还田技术

秸秆初次粉碎时,可用灭茬机以低挡慢速粉碎秸秆2~4遍。秸秆粉碎长度:小麦秸秆长度在20厘米以下的不少于70%,玉米秸秆长度在25厘米以下的不少于70%。初次粉碎的秸秆在田间晾晒5~7天后,再次用灭茬机以低挡慢速粉碎3~4遍,将秸秆粉碎至粉状或细碎状。秸秆粉碎长度:小麦5厘米以下、玉米7厘米以下长度的秸秆不少于75%。如图4-6所示为玉米机械收获与秸秆粉碎。

施用石灰或石灰氮中和秸秆腐解过程中产生的有机酸,加快秸秆腐解,对土壤进行消毒。秸秆第二次粉碎后,每亩可施用熟石灰5~50千克、石灰氮5~25千克;病害重的秸秆多施,病害轻或无病的秸秆少施。将熟石灰或石灰氮撒在秸秆上,使其随着铧式犁翻耕入土壤中。施用石灰氮后,应相应减少下茬作物氮肥用量。

秸秆第二次粉碎后施有机肥,有机肥施用量每亩为1 000~2 500千克。将有机肥均匀撒在秸秆上,使其随着铧式犁翻耕入土壤。先用铧式犁将

图4-6 玉米机械收获与秸秆粉碎(张俊侠 供)

粉碎的秸秆翻入土壤中,翻耕深度30~40厘米;再用旋耕机旋耕1~2遍,使秸秆与土壤充分混合。

小麦秸秆混入土壤中1~2个月(一般在8月)、玉米秸秆混入土壤中5~6个月(一般在3月)后,再次用旋耕机旋耕1~2遍,深度粉碎残存在土壤中的秸秆,加速秸秆分解转化。

### (三) 稻套麦秸秆全量覆盖还田栽培技术

选用配置有秸秆切碎与扩散装置的半喂入式履带联合收割机(如久保田),不要用全喂入式收割机。秸秆粉碎长度≤10厘米,粉碎合格率≥90%。

秸秆抛撒均匀度≥80%,田间不得有秸秆堆积,不得漏切,否则需采用人工铺放以达要求。前茬作物病虫害严重的秸秆不宜直接还田。

水稻秸秆还田在水稻黄熟后开始作业。选用配置有秸秆切碎与扩散装置的半喂入式履带联合收割机,调整收割台高度,将留茬高度调整为20~30厘米。

控制好收割机前进速度,将切碎的秸秆全量、均匀覆盖于田面,一次性完成收获、秸秆切碎、抛撒作业。对不均匀地块辅以人工耙匀,有条件的地方每亩可撒施秸秆腐熟剂2千克。

# 第五章 畜禽粪污循环利用技术

畜禽粪污含有农作物所必需的碳、氮、磷、钾等多种营养成分，施入农田有助于提高土壤的有机质含量，改良土壤结构，提升耕地地力，减少化肥施用。据测算，1 000千克粪污的养分含量相当于20~30千克化肥，可生产60~80米³沼气。通过畜禽粪污肥料化、能源化等技术途径，可有效提升农业资源利用效率，对促进农业循环经济发展具有重要意义。

## ▶ 第一节 畜禽粪污资源数量

### 一 产污系数

畜禽粪污主要是指畜禽养殖业中产生的一类粪、尿、冲洗水等废弃物，包括畜禽粪污和养殖废水。其中，畜禽粪污主要指畜禽养殖业中产生的一类固体废物，养殖废水主要指畜禽养殖场产生的尿液、冲洗水、工人生活用水及生产中其他途径产生的废水等。

畜禽粪污的产污系数是指在典型的正常生产和管理条件下，一定时间内单个畜禽所产生的原始污染物数量，包括粪尿量以及粪尿中各种污染物的产生量，如表5-1所示为我国不同地区主要畜禽粪污产污系数和饲养周期。畜禽粪污的产污系数是畜禽粪污资源量评估的基础，也可为污染源普查、畜禽养殖业环境影响评价和环境保护管理，以及国家和行业有关标准的制定提供科学依据。

表 5-1　我国不同地区主要畜禽粪污产污系数和饲养周期

| 种类 | 粪便产污系数/[千克/(头·天)] | | | | | | 饲养周期/天 |
|------|------|------|------|------|------|------|------|
| | 华北地区 | 东北地区 | 华东地区 | 中南地区 | 西南地区 | 西北地区 | |
| 生猪 | 1.55 | 1.15 | 0.93 | 0.99 | 1.05 | 1.30 | 152 |
| 母猪 | 2.04 | 2.11 | 1.58 | 1.68 | 1.41 | 1.47 | 365 |
| 奶牛 | 32.86 | 33.47 | 31.60 | 33.01 | 31.60 | 19.26 | 365 |
| 肉牛 | 15.01 | 15.01 | 14.80 | 13.87 | 12.10 | 12.10 | 365 |
| 蛋鸡 | 0.17 | 0.17 | 0.15 | 0.12 | 0.12 | 0.10 | 365 |
| 肉鸡 | 0.12 | 0.12 | 0.22 | 0.23 | 0.23 | 0.23 | 69 |
| 羊 | 0.87 | 0.87 | 0.87 | 0.87 | 0.87 | 0.87 | 180 |

## 二　资源总量

近年来,随着我国经济的快速持续发展和人民生活水平的不断提高,人们对高品质蛋白质(肉、蛋、奶)的需求越来越大。为满足人民群众日益增长的对蛋白质的需求,规模化畜禽养殖业快速发展,由此产生了数量庞大的畜禽粪污。

综合考虑估算时对水分含量的处理以及畜禽粪尿的增长因素,2005—2011年,我国畜禽粪污量年产约为40亿吨。目前我国畜禽粪污资源年产约38亿吨。

安徽省畜牧业粪污资源量经历了缓慢增长(2001—2006年)、急剧下降(2006—2007年)和持续恢复(2007—2016年)3个阶段。安徽省目前每年产生畜禽粪污量0.7亿~0.8亿吨,畜禽粪污消纳和处理是养殖产业持续发展最大的制约因素。畜禽粪污总量按来源大小依次为猪粪污>家禽粪污>羊粪污>牛粪污。按区域划分,安徽省畜牧业粪污资源总量自西南向北逐渐增多。淮北平原地区畜牧业粪污资源数量占全省总量的61%,该地区超70%的县(区)粪污资源超过100万吨。江淮丘陵地区畜牧业粪污资源数量占全省总量的26%。皖南山区畜牧业粪污资源数量占全省总量的13%。近年,安徽省畜牧业区域化布局日趋明显,越来越向优势畜产品生产区域集中。

## 三 污染风险

《第二次全国污染源普查公报》显示，我国畜禽养殖业年排放化学需氧量1 000.53万吨，氨氮11.09万吨，总氮59.63万吨，总磷11.97万吨，总氮、总磷分别占全国主要污染物排放总量的19.6%和37.9%。畜禽粪污已居农业源污染之首。

## 四 耕地畜禽粪污及氮、磷养分负荷

安徽省各地市耕地畜禽粪污负荷以及氮、磷负荷受畜禽粪污产量和耕地面积的双重影响。安徽省各地市耕地全氮负荷每公顷最高为80.44千克，全磷负荷每公顷最高为10.24千克，所有地区畜禽氮、磷负荷均未超过欧盟粪肥年施氮、磷量标准（欧盟标准中氮、磷年负荷每公顷分别为170千克和35千克）。安徽省内绝大部分地市畜禽粪污的负荷均处于较低水平。

## ▶ 第二节　畜禽粪污肥料化与有机肥替代作用

## 一 肥料化可行性

作为有机肥生产的重要原料来源，畜禽粪污数量大、养分含量高、应用历史悠久。一般来讲，3.0~4.5吨畜禽粪污采取好氧发酵技术可生产1吨有机肥料。按照大田作物（包括小麦、水稻、高粱、玉米和糖类作物）、蔬菜、水果和茶叶的商品有机肥需求量以及农作物种植面积估算，我国商品有机肥的生产潜力仅能满足总需求量的56.4%。若将畜禽粪污加工为商品有机肥，在目前的种植结构下，足以消纳所有的畜禽粪污。

近年来，国家加强了耕地质量建设和生态环境保护，出台了一系列补贴政策和措施，鼓励和引导广大农民使用有机肥，有机养分投入增加。调查资料显示，我国种植小麦、玉米、水稻施用有机肥比例分别为46.6%、37.5%和29.2%，马铃薯施用有机肥比例为40%左右，油菜、芝麻、花生为

35%左右,茶树、烟叶等经济作物基本做到全面施用有机肥,瓜果蔬菜(不包括设施蔬菜)有机肥施用比例在60%以上。旱田(包括水浇地)施用有机肥比例为48.14%,水田施用有机肥比例为22.69%。

## (二) 有机肥替代技术

化肥"零增长"是未来较长一段时间内的政策环境目标,而有机肥替代则是实现这一目标的重要途径。有机肥相较于化肥,具有有机质含量高、养分全、肥效长等特点,其对改善土壤质量、提高农产品品质作用显著。适当地减施化肥、配施有机肥或运用有机肥替代技术是兼具土壤改良、保障土壤养分供应、提高作物产量和品质等的重要措施。

### 1.替代潜力

2016年安徽省畜牧业粪便养分资源总量为70.75万吨,同期化肥施用总量为324万吨,畜牧业粪便养分资源总量占化肥施用量的21.84%。全省有40个县(区)化肥替代潜力在20%以上。4类粪便养分的化肥替代潜力依次为家禽粪便(7.81%)>羊粪便(6.97%)>牛粪便(3.60%)>猪粪便(3.45%)。其中,羊粪便对氮肥的替代潜力最大,家禽粪便对磷肥和钾肥的替代潜力最大。

### 2.替代效果

1)蔬菜

以24.5吨/公顷的沼液作基肥与空白对照和常规化肥相比,青菜分别增产41.2%~59.4%和10.9%~25.2%。有机肥替代30%化肥处理的青菜的株高、茎粗、产量均显著高于其他处理,较不施肥处理增产达37.0%,比完全使用化肥的增产8.9%。

有机肥替代化肥,越夏番茄亩产量增加94.2~627.1千克,增产1.2%~8.2%。有机肥替代化肥,越夏番茄亩增加投入70~192元,亩产值18 498.2~21 963.1元,亩增加收入34~3 219元,增收0.2%~17.3%,投入产出比为0.2~25.5。

用有机肥替代常规施肥温室茄子产量增加5.17%,氮肥利用率提高10.49%,可溶性糖含量增加9.09%,维生素C含量增加12.31%,硝酸盐含量减少7.09%。

微生物菌肥部分替代可提高黄瓜中可溶性糖5.55%~25.75%、可溶性蛋白质5.00%~9.50%、可溶性固形物8.25%~30.66%,可使维生素C含量增加11.73%~28.68%,降低硝酸盐的积累量1.06%~20.29%。

施用无机肥料配合蚯蚓粪土壤的西瓜果实品质明显改善,与施常规肥相比,西瓜果实可溶性固形物含量提高8.5%,糖酸比提高46.90%,维生素C含量提高16.8%,可溶性蛋白含量提高20.12%,还原糖含量提高3.5%。无机肥料配合蚯蚓粪比完全施用无机肥料可减少化肥用量氮46%、五氧化二磷72%、氧化钾57%,肥料农学利用率大幅提高,肥料经济投入减少26.55%。

基于917份山东省蔬菜种植户的调研数据分析,从有机肥替代增收的路径来看,与未进行有机肥替代的蔬菜种植户相比,有机肥替代种植户扩大种植规模0.581亩,亩均有机肥投入增加6.798元,提高了34%的农业机械使用率,同时促使蔬菜平均价格提高了1.67元。有机肥替代种植规模效应的提升、农业机械的使用及蔬菜价格的提高超出了其投入成本,使得有机肥替代收入水平提升。如图5-1所示为"有机肥+优化施肥"的秋延辣椒产量高、品质优。

图5-1 "有机肥+优化施肥"的秋延辣椒产量高、品质优

2)主要粮食作物

施用80%化肥+20%有机肥、60%化肥+40%有机肥的小麦产量与完全化肥处理无显著差异,但当有机肥替代比例达到60%时,小麦的产量呈降低趋势。综合考虑产量与经济效益以及环境效益等因素,有机肥替代20%

化肥对皖北地区小麦生产有一定的推广价值。从减少施肥量、土壤性质的改善及土壤供肥能力的长期性、作物产量及肥料成本等多方面考虑，在减氮15%的条件下每公顷施用4 500千克的蚯蚓粪后，土壤的有机质及速效养分含量都处于较高水平，且对该盐碱地区的土壤盐分积累影响较小，同时能延长小麦的光合作用、促进其地上部的生长，可为小麦的高效生产打下扎实的基础。

猪粪有机肥氮50%替代化学氮肥氮与单施化学氮肥相比，两年水稻产量无显著差异。猪粪有机肥养分释放速度慢，肥效迟缓。猪粪有机肥氮100%替代化学氮肥氮不能满足水稻生长前期对氮的需求，从而导致水稻减产。第一年猪粪有机肥氮100%替代化学氮肥氮导致水稻产量显著降低，连续两年施用猪粪有机肥可增强土壤供氮能力，增加土壤微生物群落，丰富细菌的多样性，提高土壤生产力。第二年猪粪有机肥氮100%替代化学氮肥氮，水稻产量与只施用化学氮肥处理无显著差异。以当地习惯施肥每公顷水稻产量为9 064.5千克计，有机肥等氮量替代10%~50%化肥后，每公顷水稻产量在8 203.5~10 096.5千克范围内波动，平均每公顷为9 210.0千克，水稻产量明显增加。有机氮替代10%、有机氮替代40%处理水稻产量显著高于当地习惯施肥。机插水稻基肥采用商品有机肥和复合肥减量混用底施的施肥方式，有利于疏松土壤，降低土壤容重，提高土壤有机质，促进机插水稻苗期早发、早分蘖，提高单株鲜重等苗情素质；有利于有效穗数的形成和后期水稻生殖生长干物质的积累，为后期壮秆争大穗奠定了物质基础；有利于水稻后期结实率提高、实粒数增加、千粒重增重。其中以有机肥+化肥减量30%的处理增产增收效果为最佳，较常规配方施肥增产14.7%，净增效益17.3%，较单施商品有机肥增加收益55.0%。

每公顷用化肥减量20%配施鸡粪2 988千克，第一年和第二年黑钙土上玉米的增产幅度分别为3.75%和15.40%；每公顷用化肥减量20%配施牛粪5 098千克，第一年和第二年黑钙土上玉米分别比当地常量施肥增产5.6%和20.8%。每公顷用商品有机肥4 500千克替代常规化肥氮施用量的20%，玉米株高、茎粗和穗位高总体呈升高趋势，可提高玉米穗行数、穗粒数和千粒重，从而改善玉米产量构成，显著提高玉米产量。

化肥、有机肥和有机无机肥配施处理作物较对照作物分别增产58.7%、32.1%和61.8%；与化肥处理相比，有机肥处理的作物产量无显著变化，而有机无机肥配施处理可显著提高作物产量7.4%，且不同的作物类型均表现出相似的规律。有机无机肥配施的氮肥偏生产力较化肥处理平均显著提高了32.5%。在小麦、玉米、水稻生产上,每千克氮素偏生产力由化肥处理的35.0千克、45.2千克、42.8千克分别增加到有机无机肥配施处理的45.2千克、60.6千克、56.4千克。

3)经济作物

在50%替代量时,棉花干物质积累量最大,且单铃重和籽棉产量显著高于对照作物,产量高出9.74%。而100%使用有机肥处理的作物产量较低,主要是由于有机肥肥效缓慢,在作物幼苗生长期间养分供应不充足,导致植株生长缓慢,最终导致产量较低。有机肥替代部分化肥能减少化肥用量,促进棉花生长发育,提高生物量和产量。有机肥替代50%化肥能增加棉花生物量、籽棉产量,替代效果最好。

70%~100%牛粪有机肥替代化肥在改善土壤理化性质、提高土壤肥力、增加土壤酶活性方面效果较好,同时也可以提高茶叶的产量和品质,增加其经济效益。

## ▶ 第三节 资源化利用主要模式

我国既是养殖业大国,也是种植业大国:一方面,畜禽养殖排放大量的粪污对环境造成污染;另一方面,农业种植大量施用化肥造成土壤有机质含量下降,农业面源污染加剧。畜禽粪污既是养殖业的重要污染源,也是放错位置的宝贵资源,畜禽粪污肥料化利用既可有效解决养殖污染问题,同时也可提高土壤有机质含量、减少种植业氮磷流失。

目前,畜禽粪污资源利用发展主要有3种方式:一是规模堆沤直接还田模式,这种堆沤模式与过去一家一户堆沤有明显区别,主要由农民专业合作社、种植大户、社会化服务组织等新型生产经营主体操作实施,采用适度规模集中堆沤处理,有条件的地区还会统一组织机械抛撒施用。二是循环利用模式,以大型养殖场为主,实施沼气发酵工程,通过畜禽粪污厌氧发酵沼气,可以使其中的80%~90%有机物分解,产生甲烷气体和二氧化碳,获得优质的清洁能源,用于燃烧发电和农业生产,同时产生的沼渣沼液可作为肥料还田利用,是实现肥料化和能源化结合的综合技术。三是工厂化生产模式,即指借助高温好氧发酵工艺在畜禽粪污中添加特定的菌种,生产商品有机肥,这是当前畜禽粪污资源化利用相对成熟的技术模式。

## 一 就近直接还田模式

现在随着种养结合机制的建立和机械化还田的普及,基本实现了粪污就近还田利用(图5-2)。粪污直接就近还田,不仅能解决环境污染问题,而且能促进农业的可持续发展。在美国,农场主的农田面积大,畜禽粪污一般采用全量还田模式,粪水混合贮存后直接进行农田利用,并建立以综合养分管理计划为核心的政策体系;欧盟国家实施以养分平衡为基础的生态利用模式,严格限定粪便施用时间、施用方法和施用量,并建立粪污农田利用台账。

图5-2 液体粪污就近利用还田到设施大棚蔬菜

农牧结合型畜禽液体粪污资源化利用,是先将畜禽液体粪污长期贮存在圈舍下层的粪坑中,到了农田施肥的季节,再定期将液体粪污转移到农田中直接利用。液体粪污在还田前必须将粪尿和饲养、生活、生产废水等首先排放到粪沟中,然后在储粪池中进行为期2个月的厌氧发酵,杀灭其中的有害微生物,最终才能还田。在种养结合模式下,推行畜禽粪污综合养分管理计划,将畜禽粪污无害化处理后作为肥料利用时,粪污施用量应该在满足作物养分需求的同时不造成环境污染。

## 二 工厂化生产有机肥模式

### 1.好氧堆肥技术

现代化的好氧堆肥技术发源于20世纪初的欧洲。20世纪中叶,现代化的大型有机废物堆肥厂在发达国家相继建立。好氧堆肥技术因其操作简便、运行成本低、处理量大等优点被广泛用于农业废弃物的资源化处理。畜禽粪污好氧堆肥法是在有氧条件下,通过一系列好氧微生物的生物氧化作用,使畜禽粪污中的易降解有机物分解矿化并腐化转变为稳定的腐殖质的生物化学过程。好氧堆肥过程中产生的高温能够杀死畜禽粪污中的杂草种子、蝇虫卵及病原微生物,得到养分含量高且稳定的堆肥产品,从而获得高品质有机肥,实现粪污资源的高效循环利用。好氧堆肥工艺主要包括条垛式发酵法、槽式发酵法、卧式罐发酵法、塔式翻板发酵法等4类。

1)条垛式发酵法

将从圈舍清理出来的粪污聚集起来,加入发酵菌剂、木屑、作物秸秆、泥炭土等各种辅料混合均匀,按照工艺技术要求调节碳氮比和水分含量,达到微生物发酵的最佳条件。在预先准备好的水泥地或盖有塑料膜的泥地上进行堆肥,将物料堆成高度1.5~2.0米、宽度1.5~3.0米的条垛,长度视场地大小和物料多少具体确定。根据堆肥发酵升温情况利用翻抛机定期对条垛进行均匀翻抛增氧,促进物料的快速发酵,直到整个条垛完全腐熟。条垛式发酵法的优点是投资小、操作简单,缺点是占地大、用工多、发酵时间长、对周围环境污染较大。条垛式发酵法适合中小型养殖场的畜禽粪污处理。如图5-3、图5-4所示分别为条垛式堆肥场地与设施、有机废弃物条垛式堆肥。

2)槽式发酵法

槽式发酵法要求发酵槽为钢筋混凝土结构,相邻两个发酵槽共用池壁,池壁宽度根据配套翻抛机的要求确定,并能承受翻抛机的重量,槽底既要能承受发酵物料的重量,又要能承受装载机的重量,同时还要满足通风曝气要求。槽式翻抛机是现代好氧槽式堆肥的核心设备,它取代了人工、铲车对物料的翻堆。用铲车或手推车将畜禽粪污(含水量小于70%)倒入发酵槽内,厚度0.8~1.5米,掺入发酵菌剂、锯末、秸秆等辅料,开动翻

图5-3 条垛式堆肥场地与设施

图5-4 有机废弃物条垛式堆肥

抛机沿轨道连续翻抛物料,使其搅拌均匀,达到堆肥发酵技术要求。以后每天翻抛一个来回,加速物料发酵,经过15天左右基本腐熟,到物料出口端就变为发酵腐熟的有机肥,出来的有机肥就可直接进入干燥设备快速烘干或造粒晾晒干后成为商品有机肥。槽式发酵法的优点是能充分利用光能和发酵产生的热量,设备简单,运行成本低。缺点是占用场地大,发酵完的有机肥湿度大,需经过后期干燥,大棚内空气污浊、温度高,不适宜人工操作。如图5-5、图5-6所示分别为畜禽粪污与中药渣等物料槽式发酵生产有机肥、鸡粪槽式发酵生产有机肥。

图5-5　畜禽粪污与中药渣等物料槽式发酵生产有机肥(张祥明 供)

图5-6　鸡粪槽式发酵生产有机肥(徐道荣 供)

3)卧式罐发酵法

卧式罐发酵法是通过应用卧式发酵滚筒或罐体来完成畜禽粪污好氧发酵堆肥的一种方法。卧式罐发酵设备由罐体、搅拌器、曝气系统、加热装置、上料系统、出料系统、电器控制柜等组成。将圈舍清理出来的畜禽粪污与发酵菌剂、作物秸秆、木屑等辅料混合均匀,按堆肥发酵技术要求调节水分含量,用铲车或提升机将物料通过料斗送入卧式发酵罐内,通过内部加热装置或从外部充入热风、蒸汽,让罐内物料温度不断升高,同时物料在微生物好氧发酵分解作用下释放热量,在搅拌器作用下均匀升温,直至罐内温度为80~90℃,持续1小时以上,以便充分杀灭细菌和虫卵,物料在罐内经7~10小时发酵腐熟成有机肥。本方法的优点是占地小,机械化程度高,发酵腐熟较完全;缺点是设备投资较大,耗能高,肥料需要后期干燥。

4)塔式翻板发酵法

塔式翻板发酵法是通过应用立式翻板发酵塔来完成粪污好氧堆肥发酵的一种方法,如图5-7所示为畜禽养殖废弃物塔式发酵生产有机肥。塔式翻板发酵设备由多层发酵室、主轴传动系统、液压动力系统、上料提升系统、热风炉、高压送风系统、除臭系统、控制系统等组成。将清出的畜禽粪污同发酵菌剂、作物秸秆、锯末等辅料搅拌均匀,调节水分含量和碳氮比达到堆肥发酵工艺技术要求,通过输送带或料斗提升到多层发酵塔内,物料在塔内得到充分的好氧发酵分解并释放热量使自身温度升高。通过翻板的翻动使物料逐层下落,实现通风、增氧、搅拌等发酵条件并控制温度在55~60℃。在此温度下,物料堆体中的水分大量蒸发,病原菌和寄生虫死亡,同时除臭系统对排出的气体进行生物除臭,最后生产出有

图5-7 畜禽养殖废弃物塔式发酵生产有机肥(徐为宁 供)

机肥。这种方法的优点是占地小；充分利用了物料自然发酵产生的热量，发酵速度快，利于水分散失；机械化程度高，发酵条件易于控制。缺点是投资大，能耗高；设备故障率高。

**2.堆肥的影响因素**

堆肥是有机物由不稳定转为稳定状态的过程，堆制效果与环境温度及物料含水率、pH、碳氮比、通气量、微生物接种剂和粒径等因素密切相关。通气主要影响堆肥过程中微生物代谢、温度控制和臭气产生等，能够为微生物提供氧气，带走热量和水蒸气。含水率直接关系到好氧堆肥成败，一般初始含水率以50.0%~60.0%较为适宜。腐熟期堆肥湿度应保持一定含水率，以适宜细菌和放线菌生长，在加快腐熟的同时减少灰尘。碳氮比在(25~35):1均可进行高效堆肥。碳氮比过低会使氮以氨气形式挥发，碳氮比过高会导致微生物循环代谢次数增多，有机物分解减慢，影响发酵速率和产品质量。pH为3~12时均可进行发酵，但过低会抑制反应速度，过高易造成氨气挥发。嗜温菌最适温度为30~40℃，嗜热菌最适温度为45~60℃，温度过高导致微生物形成孢子，一般高温以55~60℃较为合适。微生物菌群对堆肥过程有机物降解起主导作用。现代堆肥技术通过添加特异性微生物，如纤维素降解菌剂和除臭菌剂等，提高微生物活性和数量，降低臭气产生，降解复杂有机物，改善堆肥效果。如图5-8所示为堆肥搅拌设备调节温度、水分和氧气。

图5-8 堆肥搅拌设备调节温度、水分和氧气

### 3.异位发酵床技术

以传统发酵床养殖模式为基础进行改善,形成异位发酵床技术。这种技术通常是指圈舍外另建垫料发酵舍,发酵垫料不直接接触畜禽,畜禽的粪便和尿液直接通过垫料漏缝漏到下层垫料的发酵槽中,然后利用微生物的作用进行发酵分解,并做无害化处理,一段时间以后会成为有机肥料。这种技术的优点是不会产生任何污水,处理成本较低;缺点是不能进行大面积应用,发酵处理时间较长,在寒冷地带不便使用,而且建设高架发酵床圈舍成本相对较高。

微生物异位发酵床技术实现了畜禽养殖和废弃物处理的分离,其利用高温好氧发酵在持续、动态的条件下对养殖废弃物进行处理,并完成资源转化。如图5-9所示为利用养牛场液体粪污与农作物秸秆进行异位发酵堆肥。

图5-9　利用养牛场液体粪污与农作物秸秆进行异位发酵堆肥

## 第四节　畜禽粪污资源化利用技术要点

### 一　猪粪高温好氧堆肥技术

这里所说的猪粪是指规模化养猪场采用干清粪方式产生的新鲜固体猪粪,或采用水冲粪和水泡粪方式产生的猪场粪污,且不掺杂死仔猪等动物尸体或玻璃、石头、塑料、金属等异物,不含有烈性传染病菌。

猪粪高温好氧堆肥工艺分为两种,即脱水堆肥工艺和干物料循环工艺。水冲粪、水泡粪方式养猪场所产生的粪污含水量高于80%,可先采用畜禽粪污脱水机进行固液分离,将含水率降至45%左右,再进行好氧堆肥发酵。干清粪方式养猪场所产生的固体粪便,其含水率为60%~70%,可先用膨胀珍珠岩作为调理剂,使混合后的物料含水率在40%~60%,然后再进行好氧堆肥发酵。堆肥工艺正式运行后,用腐熟干化的堆肥成品(含水率≤30%)代替膨胀珍珠岩作为调理剂,与干清粪按照体积比1:1混合,调节含水率。

堆肥场地须有保温、防雨、防渗等性能,并配置通风、排水等设施,堆肥场的相关运行、维护及安全生产要求应符合标准。猪粪好氧堆肥主要采用条垛式堆肥系统,将经过含水率调节的猪粪堆肥原料堆成宽约2米、高约1.5米的长垛,垛的断面为梯形或三角形,条垛之间间隔1米,条垛长度可根据发酵车间长度而定。

堆肥过程中的温度变化需每天定时监测。温度测量点位置包括条垛前、中、后各段及上、中、下各层的多个点位,以平均温度反映条垛内部温度变化情况。堆肥过程包括升温阶段、高温持续阶段和降温阶段。堆肥开始后48~72小时温度须快速上升为55~70℃,随后在55℃以上持续5~7天,满足粪便无害化卫生标准中的相关要求。堆肥高温持续阶段的温度以控制在50~60℃最有利于物料腐熟。

每2~5天采用机械或人工翻堆1次,翻堆过程务必做到各层物料混合均匀,使整体腐熟度一致。发酵过程中若物料偏干,含水率低于40%,须适

当在翻堆时补充水分。在条垛底部铺设通风系统,采用自然通风或强制通风。鼓风机强制通风采用间歇式通风,标准状态的风量为0.05~0.20米³/分钟;风压可按堆体高度每升高1米增加1 000~1 500帕选取,通风次数和时间应以保证发酵在最适宜条件下进行为依据,视具体情况而定。当堆体内部温度达到或超过70℃时,应当立即进行翻堆或通风散热。

猪粪条垛式堆肥周期为20~30天。将完成高温堆肥发酵的猪粪按照条垛式堆置的方式,堆积在专门的车间内,堆体宽5~6米、高2~2.5米,每7天翻堆1次,后腐熟周期须超过15天。

## 二 鸡粪堆肥生产技术

这里所说的鸡粪是指鲜鸡粪、混合有垫料的鸡粪等,含水率低于85%,粪便不得夹杂有其他杂质;运输过程应避免二次污染。堆肥辅料主要包括锯末、秸秆、谷糠、草粉及蘑菇糠等农业废弃材料,含水率低于15%,吸水性和保水性良好,粒径不大于2厘米,不得夹带粗大硬块。

主发酵(一次发酵)指堆肥的升温和高温期,一般持续7~20天;后熟发酵(二次发酵)主要指堆肥的降温腐熟期,一般持续20~30天。

堆肥过程由升温期、高温期和降温腐熟期三个阶段组成。各期持续时间因季节不同而异:一般升温期温度为30~50℃,维持2~3天;高温期堆温在70℃以上,维持3~10天,以杀灭病原菌、寄生虫卵、草籽等;降温期温度在40℃左右,持续10~20天,含水率在30%以下即可。堆肥原料或发酵初期pH为6.5~7.5,腐熟堆肥呈弱碱性,pH为8.0~8.5。

采用通气方式使堆体中的含氧量维持在5%~15%,通气主要有以下三种方式:①空气自然扩散,即由堆肥表面将氧气自然扩散至堆肥内部,达到供氧目的;②翻堆和搅拌,即通过间隙式翻堆和搅拌,将氧气扩散到固体颗粒孔隙表面,达到供氧目的;③强制通风,即通过在堆肥底部实施管道间隙式强制通风,达到供氧目的。

将鸡粪、秸秆等物料和微生物制剂经搅拌充分混合,含水率调节为55%~65%,堆成宽约2米、高约1.5米的长垛,长度可根据发酵车间长度而定。采用机械翻堆时翻堆频率为每天1次,采用人工翻堆时翻堆频率为每2~3天1次,以提供氧气、散热,使物料发酵均匀。堆肥中如发现物料过干,应及时喷洒水分,确保顺利发酵,这样经30~40天的发酵即可达到完全腐熟。冬季低温时可在堆垛条底部铺设通风管道,增加氧气供给。通风管道可以自然通风,也可以机械送风。

### 三 牛粪生物处理技术

这里以利用牛粪养殖蚯蚓来介绍牛粪生物处理技术。人工收集的牛粪通过专用运粪车转运到堆粪场,与稻草秸秆混合组成饵料即养殖基质,稻草秸秆切成长1~4厘米的小段,牛粪和稻草秸秆按照质量比6:4混合发酵,每隔5天翻堆一次,自然堆制发酵15天即成蚯蚓养殖基质。如需除臭,则可用生物除臭菌液兑100~200倍水喷洒在基质发酵堆表面,菌液喷洒量为50~100克/米$^2$,1千克菌种处理面积为1 000~4 000米$^2$。

蚯蚓采用露天养殖,场地与堆粪场距离以50米为宜,与养殖场距离以1千米为宜,且场地应平整,排水设计应符合要求。养殖床采用"垄"的形式,宜按照(1.0~1.5)米×(20~30)厘米(宽×高)铺设养殖基质,接种蚯蚓后上面再覆盖10厘米的基质,垄间距与垄宽比例应为1:1。

选择繁殖倍数高、生长能力强、适合人工养殖的蚯蚓品种,如"大平2号""大平3号"等。根据蚯蚓的产茧量和孵化率确定,养殖密度宜控制在1万条/米$^2$。

养殖环境的温度控制在15~27 ℃(养殖基质的温度),相对湿度控制在60%~70%,pH以控制在6~8为宜。为创造最佳温度,冬季扣塑料大棚或盖塑料布,白天把塑料布四周揭开,早晚及时盖好,并要及时浇水保湿;夏季盖稻草,每天以浇一次水为宜。

每月给料2次,上料前先翻堆,每次给料厚度宜为10厘米,勤翻,应始终保持基质新鲜透气。种蚓宜每年更新一次,养殖床宜每年更换一次,以保证蚓群的旺盛,更新的种蚓可以出售;养殖床残余物则可作为肥料。

当养殖的蚯蚓密度为2万~3万条/米$^2$、80%个体重0.3克以上时宜采收。一般夏季每月采收一次,春、秋季宜每一个半月采收一次。冬季之前,采收个体较大的成蚯蚓,留下一部分种蚓和小蚯蚓,同时把基质床加厚到50厘米左右,盖好塑料布,让蚯蚓自然越冬,天气转暖时再拆堆养殖。采用自然光照法。采收前24小时宜浇足水,不可过干过湿,然后将养殖基质的70%集中在水泥地面或塑料布上,利用蚯蚓怕光的特点,逐层扒开,将基质扒净,最后使蚯蚓集中在底层,达到收集目的。

## （四）茶园有机肥替代部分化肥技术

有机肥替代全年施入纯氮总量的25%~40%。手采茶园全年有机肥用量为每公顷6 000~10 000千克，机采茶园全年有机肥用量为每公顷7 000~8 500千克，幼龄茶园全年有机肥用量为每公顷4 000~5 000千克。手采茶园基肥氮占年纯氮总量的40%，以有机肥完全替代化肥进行，用量为每公顷6 000~10 000千克（有机肥含氮量按15克/千克计算）。机采茶园基肥占年纯氮总量的40%，按有机肥替代全年氮总量的25%进行，则有机肥用量为每公顷7 000~8 500千克。幼龄茶园基肥占年纯氮总量的40%，以有机肥完全替代化肥进行，则有机肥用量为每公顷4 000~5 000千克。

手采茶园施基肥于当年秋季（10月中下旬至11月上旬）进行，施肥时，在坡地和窄幅梯级茶园上坡位置或内侧方向开沟，深10~15厘米，施肥后及时盖土；机采茶园施基肥于当年秋季（10月中下旬至11月上旬）进行，施肥时，采用人工或机械将肥料混合均匀并撒施于茶行行间地表，然后通过机械翻耕、旋耕将地表肥料进行翻埋，并使之与耕层土壤充分混匀，深10~15厘米；幼龄茶园施基肥于当年秋季（10月中下旬至11月上旬）进行，采取点施方式施肥，穴深10~20厘米，施肥后及时覆土。

## （五）大棚西瓜有机肥替代部分化肥生产技术

西瓜移栽前，每公顷撒施商品有机肥4 500~6 000千克或生物有机肥3 000~4 500千克，深翻土壤25~30厘米，耙细整平起墒；然后在定植行上，每公顷撒施硫酸钾复合肥（$N-P_2O_5-K_2O$：16-8-20/$N-P_2O_5-K_2O$：18-7-20或相似配方）375~450千克，并与土混合均匀。在坐果期和果实膨大期，每公顷分别追施高钾专用水溶肥（$N-P_2O_5-K_2O$：15-5-35/$N-P_2O_5-K_2O$：16-6-30或相似配方）150千克。水肥一体化应用应符合规定。

# 第六章

# 绿肥生产利用与土壤培肥技术

绿肥是我国农业生产最重要的肥源之一。近年来,绿肥在种植业结构调整、农业面源污染削减、农田生态改善、耕地用养结合及农产品提质增效等方面起到了独特的作用。

## ▶ 第一节 主要绿肥品种资源

### 一 绿肥概念

绿肥是用新鲜的植物本体作为基础的天然有机肥料。施用绿肥植物时,可直接或间接将其翻压到土壤中,令其养分腐解释放到土壤中代替肥料供主作物生长,或通过绿肥植物与主作物的间作、套作、轮作,为主作物提供养分,促进主作物生长发育等。绿肥不仅可增加土壤有机质、改良土壤结构、促进和改善土壤营养物质循环,而且有保持水土、修复土壤重金属污染、减少农业系统碳排放等多种生态服务功能。现阶段,大力发展绿肥生产,挖掘现有耕地的生产潜力,不断提高现有耕地质量,保持并持续提高土壤综合生产能力,是推动现代农业可持续发展的重要一环,对建立高产、优质、高效的现代化农业生态体系具有十分重要的意义。

### 二 绿肥类别

绿肥按照不同的分类原则可划分为不同的类别。其中,按来源可分为栽培绿肥和野生绿肥:栽培绿肥是指人工栽培的天然作物,如油菜、苜蓿等;野生绿肥是指非人工栽培的野生作物,如杂草、树叶、鲜嫩灌木等。绿肥按植物学科可分为豆科绿肥和非豆科绿肥(我国有着丰富的绿肥资源,其中以豆科植物为主,同时也有其他科属的植物,如禾本科、十字花科等):豆科绿肥的豆科植物,如紫云英、苕子、豌豆、豇豆等,根部有根瘤,根瘤上的根瘤菌可以固定空气中的氮素;非豆科绿肥是指作物本身没有根瘤,不能固定空气中的氮素,如油菜、黑麦草、肥田萝卜等。绿肥按生长季节可分为夏季绿肥和冬季绿肥:夏季绿肥在春夏季节播种,秋季收割,如田菁、柽麻、竹豆、猪屎豆等;冬季绿肥指秋冬季节播种,第二年春夏收割,如紫云英、苕子、蚕豆、二月兰、鼠茅草等。绿肥的生长期根据类别的不同有明显差异,除短期作物、一年生或越年生作物外,还有多年生作物。绿肥按生态环境可分为水生绿肥、旱生绿肥、稻底绿肥等。

## (三) 主要绿肥作物生育类型

20世纪80—90年代,全国绿肥网组织15个省22个单位,对我国常用的绿肥资源进行了广泛的收集、整理,并对其主要农艺性状、品质特性进行了鉴定和分析(表6-1)。结果表明,绿肥作物每亩地上部鲜草产量的最高时期,一般与其干草产量及总含氮量的最高时期大体上是一致的。就不同绿肥作物而言,一般豆科绿肥在盛花至结荚初期,禾本科绿肥在抽穗初期是肥用的最佳时期。

## (四) 稻田绿肥紫云英

紫云英,又名红花草、翘摇、草子等,是越年生草本植物,属于豆科黄芪属,分布于我国的长江流域各省(区),可作为牲畜饲料,也是我国南方稻区传统的冬绿肥作物。如图6-1所示为安徽省芜湖市南陵县紫云英弋江籽生产基地。

作为稻田最主要的绿肥作物,应结合当地生产实际,综合考虑种植制度和紫云英品种的生育期、鲜草产量、群体结构等因素,选择适应不同稻作区栽培和管理技术需求的紫云英品种。湖南省的一项研究结果显示:醴陵紫云英成熟最早,生育期为198天;弋江籽成熟最迟,生育期为206天。青饲料平均产量以弋江籽居首位,其次是信紫1号,醴陵紫云英平均产量最低;压青平均产量信紫1号居首位,其次是弋江籽,醴陵紫云英

表 6-1  主要绿肥作物生育类型

| 种类 | 生育类型 | 生育期/天 | 鲜草产量/（千克/亩） | 种子产量/（千克/亩） | 份数 | 鉴定地点 |
|---|---|---|---|---|---|---|
| 紫云英 | 特早花型 | 220 | 3 314 | 55 | 4 | 长沙 |
| | 早花型 | 224 | 4 816 | 74 | 27 | |
| | 中花型 | 227 | 5 964 | 67 | 32 | |
| | 迟花型 | 230 | 5 968 | 60 | 35 | |
| 箭筈豌豆 | 早熟型 | <230 | 2 065 | 72.9 | 68 | 南京 |
| | 中熟型 | 240～248 | 2 653 | 63.4 | 55 | |
| | 晚熟型 | >249 | 2 901 | 40.3 | 51 | |
| 草木樨 | 二年生白花 | 95* | 1 230 | | 12 | 沈阳 |
| | 二年生黄花 | 80* | 1 033 | | 14 | |
| | 一年生白花 | 120 | 1 155 | | 23 | |
| | 一年生黄花 | 100 | 771 | | 13 | |
| 毛叶苕子 | 早熟型 | 239～247 | 2 500～3 000 | 16～78 | 3 | 南京 |
| | 中熟型 | 245～255 | 2 750～3 460 | 30～75 | 8 | |
| | 晚熟型 | >256 | 3 600～4 170 | 11～32 | 3 | |
| 光叶苕子 | 早熟型 | 227～235 | 1 836～3 007 | 70～100 | 4 | 南京 |
| | 中熟型 | 238～244 | 2 860～3 790 | 30 | 6 | |
| | 晚熟型 | >245 | 3 090 | 10 | 1 | |
| 蓝花苕子 | 早熟型 | 246 | 585 | 33 | 1 | 成都 |
| | 中熟型 | 246～248 | 1 177 | 51.7 | 9 | |
| | 晚熟型 | >250 | 1 582 | 57.8 | 5 | |
| 田菁 | 早熟矮株型 | 100 | 1 314 | 67 | 15 | 广州 |
| | 中熟高株型 | 140～150 | 3 245 | 101 | 14 | |
| | 晚熟高株型 | >200 | 2 700 | 64 | 2 | |
| 柽麻 | 早熟型 | 120～130 | 2 089 | 32.2 | 8 | 郑州 |
| | 中熟型 | 131～140 | 1 981 | 21.4 | 11 | |
| | 晚熟型 | 147～184 | 2 090 | 39 | 15 | |

续表

| 种类 | 生育类型 | 生育期/天 | 鲜草产量/<br>（千克/亩） | 种子产量/<br>（千克/亩） | 份数 | 鉴定<br>地点 |
|---|---|---|---|---|---|---|
| 金花菜 | 早熟型 | 224 | 1 538 | 37 | 4 | 杭州 |
| | 中熟型 | 226 | 1 333 | 26 | 3 | |
| | 晚熟型 | 230～238 | 1 916 | 28 | 4 | |
| 沙打旺 | 早熟早花型 | 186* | 4 000 | 56.8 | 4 | 石家庄 |
| | 晚熟中花型 | 212* | 4 750 | 49.8 | 4 | |
| | 晚熟晚花型 | 212* | 4 667 | 58.8 | 4 | |
| 秣食豆 | 早熟矮株型 | 102～117 | 932 | 78.9 | 3 | 哈尔滨 |
| | 中熟直立型 | 133 | 1 740 | 99.7 | 4 | |
| | 晚熟直立型 | 138～142 | 1 624 | 79.5 | 4 | |
| 紫花苜蓿 | 早熟型 | 90～97 | 4 210 | | 2 | 咸阳 |
| | 晚熟型 | 107～113 | 5 036 | | 10 | |
| 肥田萝卜 | 早花型 | 181 | 400 | 9 | 1 | 长沙 |
| | 中花型 | 177～182 | 699 | 13.4 | 5 | |
| | 迟花型 | 178～182 | 874 | 20.9 | 4 | |

注：*表示生育期天数为返青至成熟的日数。

图6-1　安徽省芜湖市南陵县紫云英弋江籽生产基地

最低;平均生物总产量弋江籽居首位,其次是信紫1号,醴陵紫云英最低。弋江籽和信紫1号收割青饲料产量高,压青绿肥产量高,是紫云英类经济绿肥最佳品种,适合湖南省双季稻田进行水旱轮作或在果园种植,如表6-2所示为湖南省稻田紫云英生育期与经济性状。汉中市的一项试验结果表明,紫云英南郑种盛花期较早,宁波大桥、湘紫4号和弋江籽盛花期较晚。南郑种生育期最短,为211天,湘紫4号生育期最长,为228天,二者相差17天。按开花期和成熟期可分为特早熟种(215~220天)、早熟种(220~225天)、中熟种(225~230天)、晚熟种(230~235天)。供试品种(系)中南郑种、宁波大桥、湘紫1号属于特早熟种,闽紫7号、弋江籽属于早熟种,湘紫4号属中熟种。不同品种(系)盛花期鲜草产量差异较大,闽紫7号最高(24 192.45千克/公顷),南郑种最低(9 601.50千克/公顷),显著低于其他品种(系)。不同品种(系)鲜草产量从高到低依次为闽紫7号>弋江籽>湘紫4号>宁波大桥>湘紫1号>南郑种。与南郑种相比,其他品种(系)鲜草产量增幅为22.50%~151.97%。如表6-3所示为汉中市紫云英不同品种(系)产量。

表6-2　湖南省稻田紫云英生育期与经济性状

| 品种 | 开花期 | 成熟期 | 生育期/天 | 青饲料/(千克/公顷) | 压青/(千克/公顷) | 生物总产/(千克/公顷) |
|---|---|---|---|---|---|---|
| 信紫1号 | 3月26日 | 5月3日 | 199 | 24 386.7 | 13 280.5 | 37 667.2 |
| 弋江籽 | 3月29日 | 5月10日 | 206 | 29 432.2 | 13 101.4 | 42 533.6 |
| 宁绿2号 | 3月24日 | 5月6日 | 202 | 23 952.4 | 11 493.7 | 35 446.1 |
| 余江大叶 | 3月30日 | 5月9日 | 205 | 22 078.2 | 12 598.3 | 34 676.5 |
| 醴陵紫云英 | 3月23日 | 5月2日 | 198 | 19 758.6 | 9 612.7 | 29 371.3 |

表6-3　汉中市紫云英不同品种(系)产量

| 品种(系) | 茎叶比 | 单株鲜重/(克/株) | 鲜草产量/(千克/公顷) |
|---|---|---|---|
| 闽紫7号 | 2.77±0.61 | 18.74±3.35 | 24 192.45±804.82 |
| 宁波大桥 | 2.97±0.77 | 19.06±2.59 | 14 747.70±1 897.31 |
| 湘紫4号 | 3.27±0.34 | 20.86±6.90 | 16 017.00±5 966.30 |
| 弋江籽 | 4.07±0.26 | 20.10±1.22 | 19 349.10±1 096.40 |
| 湘紫1号 | 3.03±0.38 | 15.76±0.24 | 12 049.80±1 938.02 |
| 南郑种 | 2.33±0.22 | 8.58±1.18 | 9 601.50±560.49 |

弋江籽在福建闽侯县平均生育期为175.5天,年际间相差26天,鲜草产量每公顷40 139.10千克;在湖南省的生育期为206天,鲜草产量为每公顷42 553.6千克;在陕西省汉中市生育期为220天,鲜草产量为每公顷19 349.10千克。说明紫云英生育期与种植区气候和栽培环境关系较为密切。

## （五）长江下游农区绿肥

长江下游农区种植条件下,金花菜、紫花苜蓿和紫云英中鲜重最高的是金花菜,紫花苜蓿次之,紫云英最低;三种植物干重的趋势与鲜重的趋势基本一致。野豌豆属中光叶苕子的生物量(干重、鲜重)高于毛叶苕子,但差异不显著。三叶草属中,红三叶的鲜重与干物重最高,绛三叶居中,白三叶最低。如表6-4所示为长江下游农区不同豆科绿肥作物生育进程。

表6-4 长江下游农区不同豆科绿肥作物生育进程

| 种类 | 初花期 | 盛花期 | 生育期/天 | 鲜重/(千克/公顷) | 干重/(千克/公顷) |
|------|--------|--------|-----------|------------------|------------------|
| 紫花苜蓿 | 4月27日 | 5月11日 | 241 | 6 873.15 | 1 431.90 |
| 金花菜 | 3月14日 | 3月23日 | 222 | 8 022.00 | 1 904.40 |
| 紫云英 | 3月15日 | 3月22日 | 180 | 4 415.55 | 883.05 |
| 光叶苕子 | 3月26日 | 4月18日 | 235 | 21 238.80 | 4 084.35 |
| 毛叶苕子 | 3月29日 | 4月20日 | 233 | 21 138.75 | 3 523.20 |
| 红三叶 | 5月1日 | 5月12日 | 238 | 6 503.55 | 1 625.85 |
| 白三叶 | 4月24日 | 5月2日 | 231 | 4 735.20 | 947.10 |
| 绛三叶 | 4月10日 | 4月15日 | 224 | 5 214.75 | 1 303.65 |

## （六）北方冬绿肥生育类型

以生物量及越冬稳定性作为评估指标,北方地区适宜与春玉米适宜轮作的冬绿肥作物主要有毛叶苕子、黑麦草、二月兰、黑麦等4个品种,这几种绿肥两年表现为冬前均有较好覆盖,冬后成功返青,翻压前生物产量平均在每公顷3 400千克以上。此外,还有其他一些冬绿肥。如表6-5所示为北方冬绿肥耐寒稳定性分类。

表 6 - 5　北方冬绿肥耐寒稳定性分类

| 冬绿肥品种 | 稳定性 | 两年平均生物量/（千克/公顷） |
|---|---|---|
| 二月兰、毛叶苕子、黑麦、黑麦草 | 生物产量高,稳定 | 3 400～5 200 |
| 冬油菜、白花草木樨、黄花草木樨 | 生物产量高,不稳定 | 3 200～3 400 |
| 小冠花、紫花苜蓿、白三叶、红三叶、沙打旺 | 生物产量低,稳定 | 2 400～2 900 |
| 香豆子、豌豆、大麦、白麦根、燕麦、箭筈豌豆、野豆子、肥田萝卜 | 生物产量低,不稳定 | 1 400～2 500 |

## 七　肥油兼用型绿肥

中油肥1号是中国农业科学院油料作物研究所选育的肥油兼用型绿肥油菜新品种。湖北省两年三点试验结果表明,在肥料投入低的情况下,地上部生物量压青鲜重平均为每公顷43 560.0千克;植株氮、磷、钾养分平均还田量每公顷分别为88.20千克、14.25千克、119.10千克;相比对照油菜品种阳光2009,植株鲜重增加15.81%,氮、磷、钾养分还田量分别增加21.2%、12.5%和17.3%。

## 八　绿肥发展演变

早在3 000年前,我国农业生产就已经利用绿肥作物来肥沃土壤、养护耕地了。20世纪50年代,绿肥的发展主要集中在我国长江中下游一带的稻区;60年代,绿肥迅速发展;70年代是我国绿肥种植的鼎盛时期,面积最高时近2亿亩(1 333.3万公顷);80年代起,绿肥种植面积下降迅速;90年代到21世纪初,化肥成为主导肥源,绿肥应用滑至谷底;2007年后,绿肥生产再次迎来良好机遇。截止到2020年底,我国绿肥种植面积已突破433万公顷,约占全国总适种面积的21%。其中,农田绿肥近362万公顷,果园绿肥约71万公顷。预计到2030年,全国绿肥种植面积将突破660万公顷,占全国绿肥适种面积的比例也将超过30%。南方稻区是我国农田绿肥种植规模最大的地区,近10年来农田绿肥面积在全国的占比一直都在50%以上,且这一比例在不断攀升,到2020年已经达到66%。

## ▶ 第二节　绿肥腐解特点与养分释放

绿肥腐解速度与绿肥本身的质地及土壤的性质、温度、水分和翻压时间等有着十分密切的关系。

### 一 南方稻田绿肥

稻田环境中,紫云英和苕子的茎秆,0~20天腐解速度较快,累计腐解率分别为42.3%、44.6%;在100天时,累计腐解率分别达74.5%、76.6%。经过100天的腐解,苕子中碳(C)、氮(N)、磷(P)、钾(K)累计腐解率分别为76.3%、75.5%、83.5%、91.1%,养分累计释放率均大于紫云英。总的来说,绿肥中养分的释放速率大小依次为钾>磷>氮≈碳。

淹水土壤环境中,腐解速度大小依次为肥田萝卜>紫云英>油菜,前23天均已经达到50%,翻压97天后,其累积腐解率均超过70%。氮累积释放速率大小依次为肥田萝卜>油菜>紫云英,氮释放总量大小依次为紫云英>肥田萝卜>油菜,与绿肥含氮总量一致。磷释放速率肥田萝卜大于油菜和紫云英。

不同还田条件下,低量紫云英还田后腐解较快,还田后18天腐解率为58.07%~62.08%;施肥可提高紫云英的腐解率,还田后52天腐解率为81.33%~94.06%,移栽水稻后紫云英腐解率提高1.32%(18天)和1.99%(52天)。高量紫云英还田后腐解相对较慢,还田后18天腐解率为40.50%~50.31%,还田后52天腐解率为76.19%~81.45%,移栽水稻后紫云英腐解率提高2.64%(18天)、5.26%(52天)。

翻压后7~10天,紫云英开始大量腐解;翻压后2周,土壤中铵态氮释放强度出现高峰;一个月左右,土壤中有效养分积累量最多。根据紫云英养分释放快的特点,在水稻插秧前15天左右压青较为适宜,这样绿肥所释放的养分能保证充足供给秧苗吸收利用,有利于返青和生长。翻压偏晚,养分释放延迟,会造成后期早稻贪青晚熟和倒伏。

## 二 旱地绿肥

### 1.红壤旱地

随着时间推移,红壤旱地毛叶苕子的干物质累积腐解率呈逐渐增加趋势。翻压前期(0~20天)增加较快,翻压20天时累积腐解率为60.59%~66.72%,碳(C)、氮(N)、磷(P)、钾(K)依次释放了总量的62.1%~68.1%、71.5%~76.0%、70.4%~81.8%和97.3%~97.7%;20天后累积腐解率增加变缓。毛叶苕子碳、氮、磷、钾的总释放率分别为77.3%~88.0%、77.8%~88.6%、89.9%~94.5%和96.2%~97.9%,其大小顺序为钾>磷>氮>碳。

### 2.黄棕壤旱地

箭筈豌豆、苕子、山黧豆3种绿肥,黄棕壤旱地条件下在翻压15天内腐解较快,腐解率均在50%以上,之后腐解速度逐渐减慢。翻压70天时,箭筈豌豆、苕子和山黧豆的累积腐解率分别达71.7%、67.3%和74.1%。3种绿肥中的氮和钾在翻压10天内释放较快,碳和磷在翻压15天内释放较快,之后释放速率均减慢。箭筈豌豆、苕子和山黧豆在翻压70天时的碳累积释放率分别为71.3%、67.0%和74.1%。3种绿肥的养分累积释放率均是钾>磷>氮,翻压70天时的钾、磷和氮累积释放率分别为90%、73.3%~78.7%和59.9%~71.2%。山黧豆的氮和磷累积释放率高于箭筈豌豆和苕子。箭筈豌豆和苕子的养分累积释放量表现为钾>氮>磷,山黧豆表现为氮>钾>磷。其中,山黧豆的氮累积释放量最高,箭筈豌豆的磷和钾累积释放量最高,苕子各养分的累积释放量都最低。

### 3.旱作烟田

光叶紫花苕子、箭筈豌豆、紫云英、黑麦草中有机物腐解和养分释放在烟田翻压前2周速度最快,第3~7周速度中等,7周以后较慢。前2周四种绿肥中有机物平均每周的腐解率为12.50%~19.18%,碳、氮、磷、钾平均每周的释放率分别为13.05%~19.56%、20.08%~26.59%、17.86%~26.08%和16.97%~26.08%;翻压后49天时,四种绿肥中有机物的累积腐解率为60.64%~70.57%,碳、氮、磷、钾累积释放率分别为62.17%~71.32%、75.68%~83.03%、70.61%~84.78%和73.88%~80.12%。绿肥养分在翻压后7周内以氮的释放量为最大,黑麦草在翻压后2周有机物腐解和养分释放慢于其他绿肥,箭筈豌豆在翻压后第3~7周有机物腐解和养分释放慢于

其他绿肥。

### 三 油菜绿肥

以油肥1号(甘蓝型)、紫叶芥(芥菜型)和南县白(白菜型)油菜为原料,采用网袋包埋法研究不同类型油菜绿肥的腐解特点、养分释放规律及对土壤肥力的影响。结果表明:各类型油菜绿肥的快速腐解期均为埋填后0~28天,腐解率均在60%以上;埋填后28~102天为缓慢腐解期,最终腐解率均在80%左右。3种油菜绿肥肥力释放规律与腐解规律相似,至102天碳累积释放率为76.16%~79.65%,钾累积释放率均在98%以上,氮累积释放率为74.79%~85.92%,磷累积释放率为71.68%~78.56%。3种油菜绿肥养分的累积释放率无显著差异;碳释放量大小依次为油肥1号>紫叶芥>南县白,氮释放量大小依次为紫叶芥>油肥1号>南县白,3种类型油菜绿肥的磷和钾的释放量相当。

### 四 果园绿肥

#### 1.苹果园

随翻压时间的延长,多年生黑麦草、紫花苜蓿、高羊茅、菊苣在苹果园土壤中的腐解及养分释放规律基本一致。夏季翻压时,4种绿肥腐解释放规律均呈先快后慢的特点,冬季翻压则呈"慢—快—慢"的"S"形。4种绿肥中氮、磷、钾养分的释放过程显著不同,钾释放早且快速,氮、磷释放相对较慢。土壤温度对绿肥腐解有显著的影响,夏季翻压45天后,4种绿肥均有70%左右已腐解释放,而冬季翻压则需180天才能达到同样的腐解率。二月兰、黑麦草、毛叶苕子3种绿肥翻压后累积腐解率为69.10%~76.06%,腐解过程中呈现前21天腐解较快、后期腐解缓慢并逐渐趋于平稳的趋势。养分元素均在翻压后的前21天大量释放,释放率表现为钾>碳>氮>磷。翻压110天后,碳、氮、磷、钾的累积释放率分别为76.81%~82.04%、81.06%~84.97%、72.96%~76.81%、95.39%~97.65%。与禾本科绿肥黑麦草相比,豆科绿肥毛叶苕子和十字花科绿肥二月兰具有较低的初始碳氮比,更易于腐解。

#### 2.南方桃园

南方桃园绿肥主要有黑麦草、白三叶、鸭茅草、鼠茅草等,这4种绿肥翻压后20天内腐解较快,之后腐解速度变慢;翻压120天后,白三叶、鼠茅草、黑麦草和鸭茅草的累积腐解率分别为83.17%、67.83%、65.35%、54.07%。养分释放速率总体呈先快后慢的趋势,养分累积释放率由快至慢依次为白三叶>鼠茅草>鸭茅草≥黑麦草。其中,白三叶中的氮、钾和有机碳的释放量在前20天在50%以上。整个翻压过程中,这4种绿肥总体上碳氮比、碳磷比和碳钾比由高到低依次为黑麦草>鸭茅草>鼠茅草>白三叶。

### 3.柑橘园

柑橘地拉巴豆、紫云英、光叶苕子、紫花苜蓿、黑麦草5种绿肥的腐解及养分释放均表现出前期(0~20天)快、中后期(20~100天)慢的特点。腐解至20天,5种绿肥腐解率为35.52%~73.96%,碳(C)、氮(N)、磷(P)和钾(K)的释放率分别为38.10%~78.59%、66.92%~87.63%、28.60%~80.92%和80.22%~96.72%;腐解至100天,腐解率为79.13%~90.25%,碳、氮、磷和钾的释放率分别为80.90%~95.48%、94.63%~97.64%、59.66%~96.28%和94.46%~99.64%。5种绿肥的养分累计释放率大小依次为钾>氮>碳>磷。5种绿肥中,以紫云英的累积腐解率最高,拉巴豆的氮和钾累积释放率最高,黑麦草的碳和磷累积释放率最高。

## ▶ 第三节 绿肥对土壤肥力的影响

种植并翻压绿肥的过程中,鲜嫩植物体、根系分泌物、根茬和枯枝落叶等有机碳的输入可能大于有机碳的矿化输出,可使当季土壤有机质含量有一定的提高,有效改善土壤养分平衡。绿肥翻压可增加土壤有机物质的投入,为土壤中的微生物生存提供碳源,增加土壤中的微生物数量,促进土壤中养分的转化,提高土壤养分含量,有利于土壤物理性质的改善。

### 一 土壤有机碳

绿肥中有机物的含量为15%~20%,施入绿肥翻压后大大增加了土壤中有机质的含量,有利于促进土壤有机质分解矿化、土壤养分循环及难溶性养分转化。研究表明,施用绿肥提高胡敏酸含量的效果优于稻草,且可提高胡敏酸/富里酸(HA/FA)比例,有利于土壤腐殖质的形成,但绿肥处理的土壤有机质易氧化系数较其他有机物料低。如表6-6所示为不同耕作制度下不同有机物料形成的腐殖质组分。由表可知,水旱轮作和旱作轮作制度下,不同有机物的分解残留碳量,稻草较高,绿肥最少。其腐殖化系数大小的顺序是稻草>绿肥,二者腐殖化系数分别为26.7%~31.3%和21.3%~22.0%(第一年),第二年为24.0%~26.7%和16.7%。绿肥+秸秆的有机物腐殖化系数比单施绿肥的高,两年之后,水旱轮作单施箭筈豌豆和旱作轮作田菁的腐殖化系数都为16.67%,而水旱轮作箭筈豌豆+稻草的腐殖化系数为22.0%,旱作轮作田菁+稻草的腐殖化系数为20.0%,分别比单施绿肥箭筈豌豆和田菁提高31.97%和19.98%。

表6-6 不同耕作制度下不同有机物料形成的腐殖质组分

| 耕作制度 | 有机物 | 有机碳/(克/千克) | 胡敏酸、富里酸总碳量(占全碳%) | 胡敏酸碳(占全碳%) | 富里酸碳(占全碳%) | 胡敏酸碳/富里酸碳 | 胡敏素碳(占全碳%) |
|---|---|---|---|---|---|---|---|
| 水旱轮作 | 对照(未添加有机物) | 5.3 | 56.6 | 15.1 | 41.5 | 36.4 | 43.4 |
| | 箭筈豌豆 | 9.8 | 46.9 | 19.4 | 27.6 | 70.3 | 53.1 |
| | 稻草 | 10.1 | 47.5 | 17.8 | 29.7 | 59.9 | 52.5 |
| | 绿肥+稻草 | 10.2 | 42.2 | 17.7 | 24.5 | 72.3 | 57.8 |
| 旱作轮作 | 对照(未添加有机物) | 5.2 | 59.6 | 17.3 | 42.3 | 40.9 | 40.4 |
| | 田菁 | 9.6 | 52.1 | 20.8 | 31.3 | 66.5 | 47.9 |
| | 稻草 | 10.3 | 47.6 | 18.4 | 29.1 | 63.3 | 52.4 |
| | 绿肥+稻草 | 10.8 | 39.8 | 17.6 | 22.2 | 79.3 | 60.2 |

施用绿肥土壤中总有机碳、轻组有机碳、可溶性有机碳和微生物生物量碳含量分别提高35.75%~154.69%、161.04%~289.99%、87.06%~255.39%、96.36%~175.87%,比单施化肥分别提高了21.97%~128.83%、63.41%~144.14%、31.97%~150.72%、47.02%~105.56%。土壤中轻组有机碳、可溶性有机碳和微生物生物量碳的增幅显著高于土壤总有机碳。由此可见,绿肥还田有利于土壤有机碳活性组分积累。

## 二 土壤物理性质

　　施用绿肥可有效增加土壤孔隙度、降低土壤容重,同时还能促进土壤团聚体的形成,增加土壤水稳性团聚体,改善土壤结构。稻田种植田菁、印尼绿豆、毛叶苕子、箭筈豌豆4种绿肥并翻压,土壤容重可降低5.37%~10.74%,通气性可增加14.01%~29.39%,最大持水量可增加3.76%~10.12%,土壤水稳性团粒总量可增加38.20%~82.47%。黄壤旱地连续种植绿肥箭筈豌豆、肥田萝卜、蓝花苕子、毛叶苕子、光叶苕子可提高不同粒径土壤稳定性团聚体含量。在0~40厘米土层,光叶苕子主要提高>5毫米粒径的稳定性团聚体含量,肥田萝卜主要提高2~5毫米粒径的团聚体含量,蓝花苕子主要提高2毫米以下粒径的团聚体含量,毛叶苕子主要提高0~20厘米土层中0.25~2.00毫米粒径的团聚体含量。种植绿肥还可提高不同粒径的土壤水稳性团聚体含量。在0~20厘米土层,肥田萝卜主要提高>5毫米粒径的团聚体含量,光叶苕子主要提高0.25~2.00毫米粒径的团聚体含量。在20~40厘米土层,蓝花苕子主要提高>5毫米粒径的团聚体含量,肥田萝卜主要提高2~5毫米粒径的团聚体含量,光叶苕子主要提高0.5~1.0毫米粒径的团聚体含量。种植绿肥有利于土壤水稳性团聚体(>0.25毫米)的形成,>5毫米粒级的土壤水稳性团聚体的增加对土壤水稳性大团聚体积累的影响较为突出。在不同绿肥作物中,肥田萝卜提高的土壤水稳性大团聚体含量最高。种植绿肥显著降低了耕层土壤的团聚体破坏率(9.24%~38.19%),不同绿肥作物降低土壤团聚体破坏率顺序依次为毛叶苕子<肥田萝卜<蓝花苕子<箭筈豌豆<光叶苕子。

## 三 土壤养分含量

　　二月兰、毛叶苕子和黑麦草3种冬绿肥翻压均可不同程度提高潮土土壤氮含量。经豆科绿肥毛叶苕子处理的土壤,全氮、硝态氮、铵态氮、微生物量氮含量均为最高,分别比冬闲提高了26.50%、150.97%、52.92%、83.32%。稻田种植田菁、印尼绿豆、毛叶苕子、箭筈豌豆4种绿肥并翻压,土壤有机质、碱解氮、有效磷和速效钾含量分别增加1.14%~4.07%、40.87%~66.02%、31.46%~45.19%和13.43% ~38.93%;0~30厘米土壤水溶性盐降低8.69%~29.09%。

桐城市一项试验结果（表6-7）显示，紫云英翻压还田配施70%化肥的土壤肥力指标（除了pH）都出现显著性提升，其中全量有机质和全氮分别增加21.95%和30.07%，碱解氮、有效磷和速效钾含量分别提高了39.55%、48.45%和59.64%。节肥30%基础上配施化肥与单施化肥相比，有机质和全氮含量分别增加了11.46%和4.74%；而对于速效养分，碱解氮和速效钾含量二者相当，有效磷则明显降低。虽然紫云英翻压还田具有显著的培肥效应，但同时也要注重磷素的补充。

表6-7　化肥配施紫云英对稻田土壤养分含量的影响

| 处理 | 有机质/（克/千克） | 全氮/（克/千克） | 碱解氮/（毫克/千克） | 有效磷/（毫克/千克） | 速效钾/（毫克/千克） | pH |
|---|---|---|---|---|---|---|
| 不施肥 | 26.47 | 1.53 | 103.85 | 6.13 | 52.73 | 5.64 |
| 100%化肥 | 28.96 | 1.90 | 149.73 | 14.56 | 91.96 | 5.44 |
| 70%化肥 | 27.47 | 1.70 | 115.88 | 7.23 | 63.75 | 5.41 |
| 70%化肥+紫云英绿肥 | 32.28 | 1.99 | 144.92 | 9.10 | 84.18 | 5.32 |

注：表中数据以安徽省桐城市2014年早稻为样本。

## （四）土壤氮转化

绿肥蚕豆翻压和覆盖，紫色土土壤净氮矿化量和硝化率均明显提高，且在一定范围内有随绿肥施用量增加而增加的趋势。每千克土壤最高净氮矿化量增加302.70毫克，土壤氮素最终硝化率为91.04%~96.80%。绿肥覆盖或翻压均可显著提高土壤全氮和有机质含量、土壤氨氧化潜势和土壤硝化强度。

## （五）土壤养分盈亏

稻田土壤养分盈亏平衡状况以绿肥与双季稻复种连作制为最好，每公顷盈余388.2千克氮、21.0千克五氧化二磷，仅亏损128.7千克氧化钾；麦稻复种连作制土壤养分亏损最多，每公顷亏损202.20千克氮、77.4千克五氧化二磷、613.65千克氧化钾（表6-8）。

表 6-8　稻田不同复种轮(连)作制土壤养分盈亏平衡状况(1980—1983 年)

(单位:千克/公顷)

| 养分 | 不同复种轮(连)作制养分盈亏 | | | | |
| --- | --- | --- | --- | --- | --- |
| | 双季稻为主的复种轮作制 | 绿肥与双季稻复种轮作制 | 双季稻与单季稻复种轮作制 | 麦稻复种轮作制 | 中稻为主的复种轮作制 |
| 氮 | -106.50 | 388.20 | -30.00 | -202.20 | -55.50 |
| 五氧化二磷 | 87.75 | 21.00 | -113.55 | -77.40 | -515.70 |
| 氧化钾 | -589.50 | -128.70 | -474.75 | -613.65 | -508.05 |

## 六　生物学特性

紫云英还田后,在土壤微生物的作用下分解迅速,释放出大量可溶性有机物如氨基酸、有机酸以及无机养分,这些养分可为微生物提供充足的碳源和氮源,促进微生物大量繁殖,相应地也促进了土壤微生物活性的提高,表现为土壤微生物量的提高。一般来说,配施紫云英的土壤微生物总量可较单施化肥增加48.26%~115.78%,微生物活度增加5.88%~29.41%,同时随着紫云英施用量的增加而增加。但当每公顷紫云英施用量超过22 500千克时,微生物数量会呈下降趋势。单施化肥降低土壤中细菌的占比,紫云英与化肥配施显著提高土壤中的细菌(真菌),使土壤向"细菌化"方向发展,这一趋势会随着紫云英用量的增加而升高。70%化肥的条件下配施紫云英,土壤微生物量及土壤酶活性显著高于单施化肥及对照处理,且随紫云英施用量的提高而增加。整个生育期,与对照相比,施用紫云英的土壤微生物量碳、氮分别提高21.03%~142.33%、19.97%~83.91%,土壤脲酶、酸性磷酸酶、过氧化氢酶活性分别提高10.12%~100.33%、10.22%~43.23%、0.14%~7.28%。土壤微生物量及脲酶、酸性磷酸酶与土壤有机质、全氮、碱解氮呈显著或极显著正相关。

## 七　设施土壤

温室大棚高温、密闭、湿度大,土壤长期处于湿润条件下,缺少雨水淋洗,加之施肥量大,易造成土壤次生盐渍化,进而导致土壤板结、养分不平衡等一系列的问题。种植绿肥决明60天后,土壤的有效磷含量增加13.2%;土壤电导率降低33.3%,(钾+钠)/(钙+镁)降低17.0%,对设施土壤

次生盐渍化具有显著的改良效果,有助于土壤胶体的凝聚和土壤团粒结构的形成。决明翻压110天后,土壤的速效钾含量增加5.7%,土壤全氮含量增加26.0%,(钾+钠)/(钙+镁)降低24.1%。因此,温室大棚夏季休闲期,可通过种植生长周期短、吸附能力强的夏绿肥决明,降低土壤的盐基离子总量,改良土壤。

## 八 饲料油菜做绿肥

与常规种植方式相比,所有饲料油菜还田处理均改变了后茬麦田各样地土壤养分含量及酶活性。其中,经饲料油菜还田处理后,土壤中有效磷、碱解氮和有机质含量的增加范围分别为3.15%~18.50%、3.33%~30.20%和11.73%~60.50%,脲酶、碱性磷酸酶和蔗糖酶活性的增加范围分别为3.12%~31.25%、4.84%~25.80%和1.40%~94.50%。

## ▶ 第四节 绿肥的减肥作用

### 一 绿肥的养分含量

不同绿肥的养分含量各不相同,如表6-9所示。草木樨、苕子、箭筈豌豆、田菁、金花菜、秣食豆、小冠花、沙打旺、铺地木蓝等9种绿肥的鲜物含氮量均在5克/千克以上,其中沙打旺、小冠花、草木樨较高,为6克/千克以上。从干物质养分含量看,满江红、金花菜、合萌、草木樨、苕子、紫云英、箭筈豌豆等7种绿肥的含氮量均在30克/千克以上;满江红、肿柄菊的含磷量最高,在10克/千克以上,其次是三叶草、苕子、大叶猪屎豆等,含磷量在8克/千克以上;干物质含钾量以肿柄菊、满江红最为突出,在40克/千克以上,其次是紫云英、小葵子,含钾量在30克/千克以上。

### 二 化肥替代潜力

不同绿肥中氮、磷、钾养分的平均含量分别为28.8克/千克、7.0克/千克、25.3克/千克。其中,以豆科绿肥含氮量为最高,二月兰具有较高的磷和钾含量;沙打旺、黑麦草、红三叶、苜蓿和柱花草等绿肥中的氮、磷、钾养分累积量每公顷分别可达250.0千克、50.0千克、191.7千克。种植豆科绿肥具有较高的化肥替代潜力,当前我国绿肥种植面积约448.6万公顷,其产能相当于生产39.5万~80.8万吨氮肥。如果按照我国可种植绿肥的潜在面积4 600.0万公顷估算,则其产能相当于生产405.3万~828.1万吨氮肥。

**表6-9　各种绿肥作物养分含量**

| 种类 | 水分/% | 占鲜物重/(克/千克) | | | 占干物重/(克/千克) | | | 种类 | 水分/% | 占鲜物重/(克/千克) | | | 占干物重/(克/千克) | | |
|---|---|---|---|---|---|---|---|---|---|---|---|---|---|---|---|
| | | 氮 | 磷 | 钾 | 氮 | 磷 | 钾 | | | 氮 | 磷 | 钾 | 氮 | 磷 | 钾 |
| 紫云英 | 91.3 | 2.8 | 0.6 | 3.0 | 81.9 | 7.3 | 34.1 | 小冠花 | 80.6 | 6.6 | 1.5 | | 24.0 | 7.7 | |
| 草木樨 | 73.0 | 6.4 | 1.6 | 3.9 | 32.5 | 6.6 | 14.0 | 蚕豆 | 77.4 | 2.5 | 1.1 | 1.1 | 10.8 | 4.9 | 4.6 |
| 苕子 | 83.0 | 5.5 | 1.5 | 2.7 | 32.2 | 8.6 | 15.8 | 沙打旺 | 66.5 | 6.6 | 1.8 | 7.5 | 20.2 | 5.5 | 22.2 |
| 箭筈豌豆 | 83.5 | 5.0 | 1.3 | 2.4 | 30.3 | 7.8 | 14.2 | 肥田萝卜 | 87.3 | 1.6 | 0.8 | 2.9 | 12.2 | 6.6 | 22.8 |
| 田菁 | 75.4 | 5.1 | 1.4 | 1.8 | 20.7 | 5.8 | 7.3 | 满江红 | | | | | 41.7 | 10.5 | 42.3 |
| 柽麻 | 79.8 | 3.8 | 0.9 | 2.6 | 18.6 | 4.5 | 12.9 | 大叶猪屎豆 | | | | | 24.4 | 8.0 | 26.4 |
| 金花菜 | 83.9 | 5.9 | 0.5 | 1.5 | 36.6 | 2.9 | 9.5 | 马䝞豆 | | | | | 27.4 | 2.1 | |
| 紫花苜蓿 | 82.3 | 4.8 | 0.9 | 4.8 | 27.1 | 5.3 | 27.0 | 葛藤 | | | | | 28.9 | 5.6 | 26.1 |
| 秣食豆 | 78.3 | 5.7 | 1.3 | 3.0 | 25.7 | 5.8 | 13.5 | 铺地木蓝 | 75 | 5.8 | 1.0 | 8.2 | | | |
| 香豆子 | | | | | 29.1 | 6.4 | | 合萌 | | | | | 32.9 | 6.6 | 6.9 |
| 山蚂豆 | | | | | 27.7 | 2.5 | 5.8 | 红豆草 | | | | | 24.8 | 1.5 | 12.0 |
| 三叶草 | 83.5 | 3.7 | 1.5 | 3.4 | 22.4 | 8.9 | 20.8 | 小葵子 | | | | | 29.0 | 1.8 | 30.1 |
| 肿柄菊 | | | | | 17.1 | 10.2 | 47.5 | | | | | | | | |

注:表中氮为纯氮,磷为五氧化二磷,钾为氧化钾。

## （三）稻田紫云英节肥效果

每年紫云英还田生物量为每公顷20 000~22 500千克，每公顷带入的氮含量为51.5~55.9千克，这部分带入的氮是增加水稻产量和氮素吸收的重要原因。种植水稻利用紫云英还田配施适宜的氮肥可以提高水稻季氮肥利用效率，经过4年紫云英翻压还田后，可以替代水稻季40%的化学氮肥，有利于水稻节肥增效。试验表明，在种植时利用紫云英还田，水稻季氮肥利用率为36.8%~41.7%，均显著高于100%氮处理。全国绿肥减肥增效联网试验数据显示，稻田种植紫云英后在减施肥20%~40%的情况下仍增产稻谷4.15%以上，农田种植绿肥节肥丰产作用明显。

## （四）果园绿肥节肥效果

橘园光叶苕子播种量为每公顷75千克，初花期光叶苕子的生物产量为每公顷6 577~8 012千克，盛花期产量为14 592~16 853千克，终花期产量为16 156~17 864千克。每公顷光叶苕子植株体的氮素累积量为95.58~220.05千克，磷素为11.90~29.71千克，钾素为79.20~172.41千克。橘园种植绿肥并减少15%~30%的氮肥施用量时，与常规施肥相比，柑橘的果实品质和产量无显著差异或略有提高。在绿肥的保土培肥作用下，减施30%氮肥用量不会导致柑橘减产和果实品质变差。

## （五）"蜂蜜+留种"和"菜用+翻压"模式

相对于传统的紫云英做绿肥翻压利用，"蜂蜜+留种"模式中紫云英蜜中还原糖（果糖和葡萄糖）含量、淀粉酶活性较高，水分、蔗糖和羟甲基糠醛含量较低，均达到了《中华人民共和国供销合作行业标准 蜂蜜》（GH/T 18796—2012）的规定，具有较高的品质。通过紫云英蜜销售，每公顷年收入可增加9 000元，具有较高的经济价值。同时，在该技术模式下通过紫云英种子销售每公顷还可增加7 500元收益。在这一技术模式下，利用冬闲田种植紫云英，年收入每公顷可达13 200元，扣除人工等成本投入，每公顷净收入为12 900元。在"菜用+翻压"技术模式中，通过采摘紫云英嫩梢每公顷可创造57 000元的毛收入，扣除采摘嫩梢的人工成本投入，每公顷净收入为52 500元。除此之外,紫云英翻压还田以后不仅可以增加水稻产量,还可以替代水稻季20%~30%化肥施用量,既有利于降低水稻季化肥成本,又有利于生态环境。如图6-2所示为紫云英栽培及嫩梢菜用新模式。

(a)大棚栽培　　　　　　　　　　　(b)凉拌

(c)炒咸肉　　　　　　　　　　　(d)油炸+摊饼

图6-2　紫云英栽培及嫩梢菜用新模式

## （六）生态服务价值

　　基于绿肥的农田生态系统不仅可提高农产品供给服务的直接经济效益,而且可调节气候、涵养水分、累积土壤养分和保持土壤,提高生态效益。在江南丘陵地区冬季农田中,冬季绿肥1元投入便可以产生9.6元的生态服务价值。我国生态经济价值转化为地区经济价值的转化率处于偏低水平,需要采取相应的经济手段,调整当前农业经济结构和经济格局,增强农户、种植大户、企业等不同经营主体种植绿肥的积极性,提高生态价值与地区经济价值的转化率。

中国目前有400多万公顷绿肥,约占适种面积的21%,据此估算的减排潜力为4 300万吨碳当量。2030年绿肥面积占比预计可达30%,减排潜力将达到6 500万吨碳当量,这将有效助推我国"二氧化碳排放力争于2030年前达到峰值,争取在2060年前实现碳中和"目标的实现。

## ▶ 第五节　绿肥与秸秆还田协同

利用冬闲田种植冬季绿肥并于次年春季翻压还田,不仅可以充分利用第二季的水、热、光等自然资源,还可以改善土壤物理、化学和生物学性状,提高下一季作物产量,是一种绿色环保的可持续种植方式。水稻秸秆还田虽然是一种有效的培肥方式,但是仍然需要改善,以保证还田养分释放与下季作物营养需求相匹配。非豆科作物和豆科作物配合可以提高非豆科作物秸秆矿化速率,有利于养分释放。在双季稻轮作制度下,连续秸秆–紫云英协同还田有利于早稻和晚稻获得高产和稳产,同时可增加早稻氮、磷、钾养分积累,提高土壤有机碳、全氮和有效磷含量,是综合利用秸秆和绿肥资源较好的方式。如图6–3所示为秸秆–紫云英协同还田技术模式。

图6–3　秸秆–紫云英协同还田技术模式

## 一 对水稻生长和产量的影响

紫云英-水稻轮作条件下，绿肥稻秆协同还田同时减施氮肥20%，改善水稻产量性状及农艺性状。与冬闲-水稻轮作不施肥相比，绿肥稻秆协同还田可以显著提高有效穗86.4%~134.1%，每穗实粒数可提高6.9%~31.3%，千粒重可提高3.1%~10.8%，水稻产量提高显著，较对照和使用化肥的增幅分别为67.9%~83.0%和2.8%~6.7%。

连续秸秆单独还田和秸秆-紫云英协同还田周年轮作下，水稻产量分别增加1.93%~9.15%和1.34%~12.48%，且连续秸秆-紫云英协同还田周年增产效果随着年份的增加而增加。连续秸秆单独还田和秸秆-紫云英协同还田均有利于双季稻持续性高产稳产，其中秸秆-紫云英协同还田效果优于秸秆单独还田。连续3年6季还田后，秸秆单独还田和秸秆-紫云英协同还田对水稻产量的贡献率分别为6.92%和11.10%，其中秸秆-紫云英协同还田处理比秸秆单独还田处理高76.47%。

## 二 对土壤养分含量的影响

秸秆-紫云英协同还田可改变土壤养分供应过程，进而协调土壤养分供应与作物对养分的需求同步，促进作物养分吸收。连续秸秆-紫云英协同还田不仅有利于早稻氮、磷、钾养分积累，对晚稻养分积累也有一定的后效作用。

秸秆-紫云英协同还田发挥了秸秆和紫云英的优势，秸秆通过养分归还供应大量钾素，种植豆科绿肥不仅可加强土壤固氮作用，还可吸收储存有效磷。秸秆覆盖可为绿肥的生长提供合适的温度与水分，促进绿肥的腐解；反过来，绿肥可通过养分的释放促进土壤微生物的生长，加速秸秆的腐解。二者相辅相成，增加养分积累效应。连续秸秆-紫云英协同还田处理土壤中有机碳、全氮、有效磷和速效钾含量分别增加20.51%、25.00%、24.16%和20.37%，相对于秸秆单独还田处理，有机碳、全氮和有效磷含量分别增加2.73%、7.14%和14.19%。

紫云英-稻秆协同还田（冬种紫云英+水稻秸秆还田+减氮20%）可提高耕层0~20厘米土壤6.8%~13.2%有机碳、9.9%~12.6%有效磷，增强了土壤汇碳功能，增加了土壤养分供应。

### 三 对机插水稻的影响

**1.光合作用**

绿肥与稻草联合还田均能够增加机插早稻、晚稻各生育阶段叶片叶绿素含量,同时还能够提高抽穗期和成熟期叶片净光合速率、蒸腾速率、气孔导度和胞间二氧化碳浓度。绿肥与稻草联合还田对双季机插稻叶片叶绿素含量和光合特性可起到协调促进的作用。

**2.养分吸收利用**

绿肥与稻草联合还田较单施化肥提高了双季机插稻各生育期群体氮、磷、钾吸收量以及收获指数和生理利用率,显著提高了双季稻生育前期的群体养分吸收量和农学利用率。早稻幼穗分化期氮、磷、钾吸收量分别提高8.03%、10.71%、55.21%,农学利用率分别提高8.15%、5.95%、8.16%;晚稻幼穗分化期氮、磷、钾吸收量分别提高24.49%、10.26%和9.91%,农学利用率分别提高5.93%、8.13%和5.93%。

**3.稻米品质**

绿肥与稻草联合还田处理可提高机插双季稻稻米出糙率、精米率、整精米率和胶稠度,降低垩白度、垩白粒率、直链淀粉含量及碱消值级,全面提升机插水稻稻米加工品质、外观品质和食用品质。

### 四 土壤氮素形态与氮素供应能力

翻压紫云英做早稻基肥和"翻压紫云英+稻草还田"做晚稻基肥分别提高土壤全氮15.03%和24.35%、矿化氮35.73%和58.02%、微生物量氮21.73%和36.73%,"翻压紫云英+稻草还田"做晚稻基肥的增加效果较显著。土壤碱解氮的供应强度为"翻压紫云英+稻草还田"做晚稻基肥>翻压紫云英做早稻基肥>单施化肥;"翻压紫云英+稻草还田"做晚稻基肥和翻压紫云英做早稻基肥的供应容量均显著高于单施化肥,增幅分别为19.01%和25.22%。翻压紫云英做早稻基肥和"翻压紫云英+稻草还田"做晚稻基肥的土壤酸解总有机氮含量显著高于单施化肥。"翻压紫云英+稻草还田"做晚稻基肥的土壤酸解氨态氮、酸解氨基酸态氮、酸解未知氮含量均显著高于单施化肥,增幅分别为36.02%、33.52%和26.58%。土壤非酸解性氮含量在不同处理间差异不显著。

## 五　对茶叶产量和品质的影响

茶园在有机无机常规施肥的基础上，结合秸秆覆盖或种植绿肥，对春茶生长具有良好的促进作用，能显著提高春茶的品质与产量。秸秆覆盖、绿肥种植可使茶叶水浸出物含量增加，叶绿素含量增加23.7%、41.4%，游离氨基酸和咖啡因含量增加，酚氨比下降13.0%、15.3%，茶叶鲜叶产量增加4.8%、6.5%。茶园行间覆盖秸秆和种植绿肥，可以作为茶园土壤养分有机培肥管理的一项有效措施。

## ▶ 第六节　绿肥生产利用技术要点

## 一　紫云英种子生产技术

选择光照充足、土层深厚、排灌良好、肥力适中、3~5年没有种植紫云英的田块。制种田应集中连片，原种田不少于10公顷，商品田不少于20公顷。紫云英属常异花授粉豆科作物，隔离距离为1.0~1.2千米。

紫云英种子播期为9月下旬至10月上旬。播种时，抢在雨前或雨后播种，或灌"跑马水"后及时播种。双晚稻田套播，在晚稻齐穗时播种，每亩用种量1.5千克。用1.0千克过磷酸钙加4千克土杂肥拌种，分畦定量，均匀撒播。

播前，开好围沟，视田块大小加开腰沟。水稻收获后，将围沟加深10厘米左右，沟深20~30厘米。每3~5米开一条畦沟，沟深15~25厘米。开春后，要注意雨后清沟，确保畦面不积水。水稻播种后，每亩施用过磷酸钙10~15千克，冬前或开春后，每亩追施氯化钾5千克。紫云英始花时，喷施0.2%~0.3%硼砂溶液，每亩用水量50千克。在霜冻前，将稻草均匀覆盖于幼苗之上，以不影响紫云英苗生长为标准。

在各生育阶段均要注意观察，及时拔除劣株、杂株以及异作物，并携至田外，进行田间去杂。当紫云英秸秆变成黄色、茎枯叶落、荚果有60%~80%变黑时即可收获。由于紫云英种荚容易掉落，故宜在晴天早上露水未干时或傍晚回潮时收种,中午太阳下绝不能收种,以免紫云英种荚掉落太多,影响产种量。收种方式有卷收、扯收、刀割和摘荚等,其中以扯卷、扯收结合为最好,即先扯收后再卷堆。用钯齿向紫云英倒伏的相反方向将其拉成小堆后再打捆,既快又好。紫云英收获后放在田里晒1~2天,于16时后有些回潮时运回晒场,先用扬叉抖下果荚,以后趁晴天翻晒干,用竹竿一面翻动一面反复捶打,直至打净为止。如遇雨天,应堆成堆,一般堆成高、宽各1米的长条形,上用塑料薄膜覆盖防雨,待晴天再摊晒脱荚。可采用全喂入式稻麦脱粒机进行脱荚脱粒,一般晒半天就可进行,连续脱两遍便可脱净。也可先用换上粗瓦筛的普通碾米机进行脱粒,再筛净晒干保存,或者可以用联合收割机改装后进行种子收获。如图6-4所示为紫云英种子机械收获。

图6-4 紫云英种子机械收获

种子收获后立即送到清理干净的晒场上晾晒,使种子的含水率降为10%以下,或者通过人工干燥鼓风、烘干的办法使种子的含水率降为10%以下。当种子的含水量在12%以下时,进行人工清选,初步去除较易除去的杂质。人工清选后的种子送到种子加工场进行进一步机械清选,获得纯度符合要求的种子。

紫云英种子含水率应在12%以下。贮藏时,宜保持仓库温度0~30 ℃,湿度74.0%以下。仓库应通风良好,室内干燥,种子堆放宜离地面0.2米以上、离屋顶1米以上、离墙0.5米以上,垛与垛之间相距0.6米以上。

## 二 紫云英高产栽培技术

直播早稻区适宜推广弋江种、信阳种、粤肥二号等紫云英品种,移(抛)栽早稻区适宜推广弋江种、闽紫1号、浙紫5号、平湖大叶种等,单季稻区适宜推广弋江种、宁波大桥等。

种植前,先将紫云英种子晒半天到一天,然后用种子和芝麻大小的细沙以2:1比例混合均匀,洒水湿润后,用碓轻舂15分钟,或用碾米机擦破种皮。少量种子可以用布袋装种混沙摇撞摩擦。之后,将种子放入浓度为10%左右的盐水中搅匀,把浮在水面的菌核、霉坏种子捞去(菌核捞出后用火烧毁),沉底的种子先用清水洗净,然后再用清水冲洗2~3遍。

用清水浸种12~24小时,浸种期间换水1~2次,捞起洗净晾干。在新区或多年未种植紫云英的地方,应进行紫云英专属根瘤菌接种,每千克根瘤菌菌剂可拌紫云英种子15~20千克。拌菌方法:把晾干水的紫云英种子堆放催芽,堆放过程中要翻动1~2次,见种子露白暴芽时,在室内拌接根瘤菌。先把菌剂捏碎,逐步加入凉了的稀糯糊(50克干粉冲入1.5千克开水即成)调成糊状(每份菌剂加稀糯糊1.0~1.5份),与种子一起放在盆内充分拌匀,稍晾干爽后即行播种。

稻底套播的具体播期,应根据水稻生育状况及天气情况,一般以稻穗勾头时为宜。9月上中旬至10月上中旬播种的紫云英鲜草产量最高,此后播种的鲜草产量逐渐下降。播种量一般为每亩2.0~3.0千克。按田块面积称种,分厢定量,均匀撒播。

易干稻田,留4.0~5.0厘米水层播种;黏土田在播种前4~5天灌水浸软泥土,留脚印水播种。播种后2天,若田水仍未落干,则要及时排干。

稻田要在割稻前排干渍水。压青田留15~20厘米高稻茬或每亩薄盖100~200千克稻草遮阴。水稻收获后,遇干旱应及时灌"跑马水"防旱,以保持田面不晒白为度。春暖以后要注意清沟排渍。播种后15天,若未见形成根瘤,则稻田要趁稻底荫蔽湿润时进行补菌。根瘤菌剂用量要比拌菌时加大五成,方法是先把菌剂调成稀糊状,傍晚时兑水均匀泼洒全田。紫云英性喜湿润,忌渍水。紫云英播种后,要开好横沟、竖沟和边沟"三沟",要求沟沟相通,力求做到雨过田间不积水。晚稻割禾后趁田土湿润,立即开好环田沟、直沟(即中心沟,田块大的还要开十字沟),沟深20厘米;横沟(即畦沟)每隔4米(留种田每隔3米)开一条,沟深15厘米。地势高、排水良好的沙质壤土田,排灌沟可浅一些和疏一些;地势平坦和黏土田,排灌沟宜深和密些。沟要开直,沟底要平,沟沟相通,大沟通出口,以利速灌速排,做到冬旱泥面不白、降水不渍、雨过田干。凡是用牛犁沟的,犁后必须人工清沟。冬旱期,绿肥覆盖田面以前,要注意保持田土湿润,防止出现田面干白龟裂。灌水宜选有北风的晴天灌"跑马水",灌后12小时排干。春暖后以排水为主,要经常清沟排渍,但春旱例外。

施肥以磷肥、钾肥、有机肥为主,宜早施。地力较差的田块,施用基肥。中稻田基肥结合播种撒施,晚稻田在水稻收获后及时补施,一般每亩宜施1.5~2.0千克五氧化二磷、2~3千克氧化钾。弱苗和低产田在2月上旬适施氮肥,一般每亩宜施0.5~1.0千克氮。

## 三 双季稻区紫云英生产与利用技术

双季稻区紫云英生产与利用技术是指在晚稻收割前后种植紫云英,在紫云英生长的适当时期将紫云英翻压作为早稻基肥,早稻收获后再种植晚稻的种植利用方式。

江淮之间双季稻区宜选择信阳种、弋江种等紫云英品种,沿江双季稻区宜选择弋江种、余江大叶种等,皖南双季稻区宜选择弋江种、平湖大叶种等。选用的紫云英种子纯度应不低于94%,净度不低于93%,发芽率不低于80%,含水量不高于10%。种子经营单位提供的紫云英种子,应按照《农作物种子检验规程 发芽试验》(GB/T 3543.4—1995)检验,并附有合格证。种子处理包括擦种、盐水选种、接种根瘤菌拌种等措施。

基肥可以在播种前或播种时施用,也可以在水稻收割后及时补施。方法如下:每亩施2.5千克五氧化二磷、3千克氧化钾,施后播种;或者每亩用钙镁磷肥20千克与紫云英种子拌匀后带肥撒播。有条件的地区,可以在选种后用100克硼砂兑水50千克,浸种12小时。水稻收获后,如未施基肥的,应及时追施磷钾肥,每亩施 2~2.5千克五氧化二磷、2~4千克氧化钾或草木灰50~100千克,以促进根瘤生长、培育壮苗。紫云英属豆科根瘤固氮作物,施肥应以磷钾肥为主,适施氮肥,从而达到以磷增氮、以钾促氮、以小肥养大肥的目的。磷肥一般应用作基肥或种肥,以利根系发育,增进固氮能力,提高抗逆性;钾肥可促使紫云英苗粗壮,早分枝,多结瘤。3月上旬,对生长较差的苗,适量追施钼、硼等微肥,有利于提高紫云英鲜草产量。稻田肥力较低时,建议采取上述施肥措施。但如果稻田肥力较高或者对紫云英鲜草产量要求不高时,在紫云英生产过程中也可不施肥或少施肥,以减少农事操作,降低成本。

播种时保持田面湿润或有薄水层,做到薄水播种、胀籽排水、见芽落干、湿润扎根。为提高紫云英抗旱保苗能力,在收割晚稻时,稻茬高度宜留20~30厘米,以便遮阴保水。水稻收割后,每亩田面立即均匀覆盖新鲜稻草100~200千克,多余稻草宜全部清出田间,严禁在紫云英田间焚烧稻草。

绿肥翻压是紫云英最常见的利用方式,是实现养地、增产的重要措施, 如图6-5所示为盛花期紫云英翻压还田。用作直播早稻基肥的紫云英,翻压时间一般在现蕾期至初花期;用作移栽或抛秧早稻基肥的紫云英,一般在初花期至盛花期翻压。每亩以翻压1 500千克左右紫云英为宜,具体用量还要根据田土肥瘦、水稻品种耐肥力和种植方式增减。做直播早稻肥料的紫云英翻压量宜少一点,一般每亩在1 000~1 500千克。做移栽或抛秧早稻肥料的紫云英翻压量可多一点,一般每亩为1 500千克。紫云英鲜草高产的田块,应把超过部分移入不种绿肥的水稻田,或用作青饲料等。翻沤前1~2天灌进浅水并翻耕。直播早稻的紫云英还田翻沤7天后播种,移栽或抛秧早稻的紫云英还田翻沤5~7天后插秧、抛秧。因紫云英翻压后分解较快,大量养分溶解于水中,因此在紫云英翻沤后至早稻

图6-5　盛花期紫云英翻压还田

的苗期(大约紫云英翻压后1个月的时间内)应做到田间不排水。

每亩紫云英翻压量为1 500千克左右时,早稻氮、磷、钾施用量可分别减少20%~30%;每亩紫云英翻压量为1 000千克左右时,早稻氮、磷、钾施用量可分别减少10%~20%;每亩紫云英翻压量为500千克左右时,早稻氮、磷、钾施用量可分别减少10%。化学肥料中的全部磷、钾肥和50%~60%氮肥基施,一般在紫云英翻压后耙田前施用。以40%~50%氮肥作追肥,在早稻分蘖期作分蘖肥和拔节期作穗肥施用,分蘖肥和穗肥施氮量各占总氮量的20%~30%。

## （四）紫云英、苕子与油菜混播绿肥高产栽培技术

绿肥混播是指将紫云英、苕子、油菜等两种或两种以上绿肥作物混合在一起播种的种植方式。紫云英品种较多,一般江淮之间双季稻区宜选择信阳种、皖紫1号、弋江种等,沿江双季稻区宜选择弋江种、余江大叶种、皖紫1号和皖紫2号等,皖南双季稻区和单季中稻区宜选择弋江种、平湖大叶种、皖紫2号、宁波大桥等。苕子分光叶苕子、毛叶苕子和蓝花苕子等。一般双季稻区宜选用早熟的蓝花苕子、光叶苕子或毛叶苕子中早熟品种;单季中稻区宜选用中熟或晚熟的毛叶苕子品种,如徐苕一号等。油菜成熟期较晚,一般宜选择早熟、多抗、高硫苷的白菜型油菜品种,如中油821、白杂1号、绵新油12等。

稻底套播绿肥的具体播期应根据水稻生育状况及天气情况决定,晚稻以稻穗勾头时为宜,一般以9月下旬或10月上旬播种的绿肥鲜草产量为最高。单季中稻可在收割后直接播种,应抢时、及早播种,也可在中稻收割前15~25天稻底套播。原则上一般以豆科绿肥为主,双季稻区以紫云英为主,每亩套播紫云英1.0~1.5千克、苕子1.0~1.5千克、油菜0.10~0.15千克;单季中稻区以苕子为主,每亩套播苕子1.2~2.0千克、紫云英0.75~1.00千克、油菜0.10~0.15千克。

稻底套播以人工撒播为主,有条件的地方可使用机动喷粉器喷播。人工撒播要均匀,宜"分畦定量,握籽少,看得准,抛得高,跨步均,来回或纵横交叉地播种"。为减轻长势较好的水稻出现的搁籽现象,在播种后要用竹竿轻轻拨动稻株,将搁在稻叶上的种子拨落田面。免耕播种在单季稻收获后2~3天,人工或用机动喷粉器或直播机械播种,将种子播在没有

稻草积压的空地。种子直播机械可选择油菜免耕直播机,油菜免耕直播机集开沟、播种、覆盖于一体。大型油菜免耕直播机播幅宽2.5米,所开沟深20~25厘米、宽10~15厘米。采取整地播种的,一般宜采用条播或撒播,条播行距40~50厘米,条播播种量比撒播适当减少。中稻田采取畈田播种的,宜先耙松表土,撒播种子,然后开沟分厢,再耙松表土覆盖种子。

基肥既可以在播种前或播种时施用,也可以在水稻收割后及时补施。方法如下:施用磷肥要早,并应根据土壤特性选择磷肥品种,一般中性土壤施用过磷酸钙,酸性土壤以施用钙镁磷肥为好。磷肥用量以每亩施用过磷酸钙或钙镁磷肥20千克为宜。在缺磷的土壤,磷用量可增加到每亩30千克。钾肥宜基施,也可在11月中旬或收割后施用,一般每亩施氯化钾5~8千克。土壤肥力较低的稻田,在水稻收割后或绿肥第一片真叶期每亩施用尿素1.0~1.5千克,以促进豆科绿肥根瘤的形成和油菜生长发育。有条件的地区,可以在选种后用100克硼砂兑水50千克,浸种12小时。也可在苗期至旺盛生长期,叶面喷施1~2次浓度为0.10%~0.15%的硼砂(硼酸)溶液和0.05%钼酸铵溶液。

播种时保持田面湿润或有薄水层,做到薄水播种、胀籽排水、见芽落干、湿润扎根。在稻底套播绿肥之前,稻田要开沟排水。质地黏重的田块,在播种前要开沟;土壤排水条件良好,播种前田间水分适宜,可以在水稻收割后开沟。播种绿肥时保持土壤湿润或有1~2厘米薄水层。大部分种子萌发后,保持田间湿润,切忌积水超过24小时。稻底套播绿肥,水稻收获前10天左右起,保持土壤干燥,防止烂泥收割,踏坏绿肥幼苗。

晚稻或中稻收割时,留稻茬20~30厘米,以便遮阴保水。水稻收割后,每亩覆盖新鲜稻草100~200千克,均匀覆盖田面,多余稻草宜全部清出稻田,严禁在田间焚烧稻草。遇干旱应及时灌"跑马水"抗旱,以保持田面不晒白为度。

播种前已开沟的田块,要及时清沟。对于没有开沟的田块,要在晚稻或中稻收割后趁土壤比较湿润时立即开沟。开沟宜做到沟沟相通且应雨停田干。地势高、排水良好的沙质田,排灌沟可浅一些和疏一些,地势平坦和黏土田排灌沟宜深些和密些。遇大雨和连续降水,要及时清沟排渍。冬季如遇到干旱,出现土表发白,紫云英边叶发红发黄时应灌"跑马水"抗旱。

翻压时间具体视水稻播种或栽插时间而定,直播早稻一般提前7~10天,移栽早稻或中稻提前10~15天。一般紫云英适宜的翻压时间为初花期至盛花期,苕子翻压时间为盛蕾期至始花期,油菜最好在上花下荚期。翻压多采取深耕翻深沤方法,翻压深度15~18厘米。翻压方式有干耕和水耕两种。在机械化程度较高的地区或种植中稻区,应采用干耕。干耕可利用圆盘犁或反转旋耕机进行,3~5天后待犁垡晒白即灌浅水耙田。如利用小型机械或是早稻区则采用水耕。水耕应将绿肥翻压完全,翻沤前2~3天灌浅水。直播早稻绿肥翻压量宜稍少,一般每亩翻压1 000~1 500千克;移栽早稻和中稻翻压量可稍多,一般早稻每亩翻压 1 500~2 000千克,中稻每亩翻压1 500~2 500千克。具体用量,还要根据田土肥瘦、水稻品种耐肥力和种植方式增减。多余的绿肥鲜草可移入其他田块作为绿肥,或者作为青饲料喂养禽、畜和塘鱼,解决春末夏初青饲料缺乏的问题。因为绿肥翻压后分解较快,大量养分溶解于水中,所以在绿肥翻压后至早稻的苗期(大约翻压1个月内)应做到田间不排水,以减少养分流失。

### （五）紫云英-水稻秸秆协同还田技术

紫云英-水稻秸秆协同还田是指水稻采用留高茬收获,利用高茬秸秆为紫云英越冬提供掩蔽,同时为紫云英生长提供支撑。次年翻压还田时,紫云英和水稻秸秆碳氮互济,调控稻田有机投入物碳氮比,促进紫云英、水稻秸秆腐解和养分释放,实现水稻季化肥减量。

双季稻区选择早熟紫云英品种,单季稻区选择中晚熟紫云英品种。双季稻区及迟于10月中旬收割的单季稻区,紫云英在9月底至10月上中旬水稻勾头灌浆期稻底套播,稻底套播共生时间不超过25天;单季稻区也可在收割后直播紫云英,但播种时间一般不迟于10月中旬。绿肥稻底套播的水稻采用留高茬收获,留稻茬30~40厘米,收获前稻底套播紫云英。当每亩田间覆盖秸秆总量≥350千克时,秸秆切碎长度≥25厘米均匀抛撒,每亩紫云英播种量为2.0~2.5千克;当每亩田间覆盖秸秆总量<350千克时,秸秆粉碎长度≤10厘米均匀抛撒,每亩紫云英播种量为1.5~2.0千克。绿肥直播的水稻采用留高茬收获,留稻茬35~45厘米,收获后直播紫云英,秸秆粉碎长度≤10厘米均匀抛撒,每亩紫云英播种量为2.0~2.5千克。

未种植过紫云英的田块,水稻收割后基施化肥(折纯):每亩1.5千克氮、3千克五氧化二磷、2.0~2.5千克氧化钾、45~50克硼(B)肥、7.5~10.0克钼(Mo)肥;或每亩紫云英专用肥(N–P$_2$O$_5$–K$_2$O 10–19–16,B 0.3%,Mo 0.05%)15千克。在田块内开间距3~4米的横沟,横沟宽20厘米、深10~15厘米;开设边沟和腰沟,边沟和腰沟比横沟深3~5厘米,做到沟沟相通。稻底套播紫云英在水稻收获后开沟,直播紫云英在播种前开沟。紫云英生长期,注意及时清沟排渍。

直播稻田在水稻播种前7~10天、移栽稻田在水稻移栽前10~15天,将紫云英与上季存留的水稻秸秆一起翻压还田,翻压深度10~15厘米,每亩紫云英翻压量为1 000~2 000千克。多年进行紫云英–水稻秸秆协同还田的,在常规化肥用量基础上,双季稻全生育期减施化肥氮15%~20%、氧化钾20%~30%;单季稻全生育期减施化肥氮20%~30%、氧化钾20%~30%。

## （六）果园绿肥种植利用技术

果园绿肥是指在果园的果树行间种植的绿肥作物,利用其生长过程中所产生的全部或部分鲜体,为果树提供养分,抑制杂草,防止水土流失。果园绿肥种植可改善果园微生态环境、肥饲兼用,果园还可作为生态观光园。如图6-6所示为砀山酥梨果园种植的绿肥。

图6-6　砀山酥梨果园种植的绿肥

　　果园绿肥种植一般宜选择耐阴、耐旱、耐践踏的绿肥品种,具体可依据果园生态环境和绿肥种植目的选择。幼龄或藤本果园,宜选择二月兰、紫云英、白三叶等;成龄或乔木果园,则宜选择箭筈豌豆、苕子、鼠茅草、黑麦草等。果园绿肥种植时,若为培肥土壤,则宜选择苕子、箭筈豌豆、紫云英等;若为地表覆盖,则宜选择白三叶、鼠茅草、黑麦草等多年生绿肥;若肥饲兼用,则宜选择苕子、黑麦草、紫云英等;若为生态观光,则宜选择二月兰、紫云英、苕子、箭筈豌豆、白三叶等。

　　绿肥播种前清理果园内明显的石块、大段树枝、高大的杂树杂草等,进行土地平整;当土壤含水量低于田间持水率的60%时,应浇水1次,保持20厘米内土层湿润。播种宜在9月中旬到10月中旬进行,淮河以北地区不迟于9月下旬。果园常见绿肥品种适宜播种量每公顷一般为箭筈豌豆75~105千克、苕子45~60千克、紫云英22.5~30.0千克,白三叶、二月兰、黑麦草、鼠茅草为15.0~22.5千克。在果树行间条播或撒播,有条件的可机条播、无人机飞播;播种时两边距果树100厘米左右,播后覆土。紫云英、二月兰、白三叶、黑麦草、鼠茅草等的播种深度为1厘米左右,苕子、箭筈豌豆等的播种深度为2~3厘米。

　　绿肥生长期间,一般无须专门对绿肥进行灌溉。果园积水时,有总排水沟和支排水沟的果园,应及时疏通排水沟;无排水沟的果园,按地形、地势和水流走向,及时开挖支排水沟和总排水沟,沟深要低于果树根系的主要分布层。首次种植绿肥的,每公顷基施氮肥(折纯)22.5~30.0千克;豆科绿肥每公顷基施磷肥(折纯)30~45千克、钼肥(折纯)150克;非豆科绿肥每公顷基施磷肥(折纯)45~60千克,苗期每公顷施氮肥(折纯)22.5~30.0千克。有条件的地方,冬季适当覆盖秸秆。

　　在盛花期翻压,翻压深度15~20厘米,翻压量应控制在每公顷30 000千克以内。用作地表覆盖时,一年生绿肥自然生长覆盖地表,多年生绿肥适时刈割;肥饲兼用时,在现蕾期至初花期或自然高度在30~40厘米时刈割做饲料,留茬高度8~10厘米;用作生态观光的,宜选择花期、花型、花色不同的绿肥品种搭配并规模种植。

# 第七章

# 酸性土壤改良技术

酸性土壤主要分布于水热资源丰富的热带和亚热带地区,酸性土壤不仅限制了农业生产力,而且可对生物多样性和生态环境造成负面影响。改良酸性土壤,推进可持续利用,发挥酸性土壤的作物生产潜力,将为保障粮食安全做出巨大贡献,对农业生产和生态环境保护均具有重要意义。

## ▶ 第一节　酸性土壤的形成

### 一　自然因素

土壤酸性一般用土壤pH来评价,当土壤pH小于6.5时,便被认为是酸性土壤。土壤胶体的负电荷点被氢离子所占据,使土壤逐渐向酸性发展。热带与亚热带地区的酸性土,大都处于高温高湿环境下,降水量大,强烈的风化和淋溶作用,使得土壤中的钾、钙、镁等碱性离子大量流失,铁、铝氧化物富集,土壤盐基饱和度降低,氢离子饱和度增加,土壤酸缓冲体系能力明显下降,加剧了土壤酸化。

土壤酸化指土壤pH不断降低、土壤交换性酸不断增加的过程,它是伴随土壤发生和发育的一个自然过程。土壤酸化影响因素主要有土壤母质、降水量的大小、植被、作物种类、土壤有机质、有机酸和二氧化碳等。土壤阳离子交换量与表层红壤酸化呈显著负相关,土壤阳离子交换量是影响第四纪红土、红砂岩、板页岩和花岗岩4种酸性红壤表层酸化的主要因素之一。在自然条件下,土壤酸化是一个非常缓慢的过程,土壤pH需要

经过数十年甚至数百年才会出现明显降低。

## 二 人为因素

在各种人为因素中，氮肥的过量施用被认为是农田生态系统土壤酸化加速的主要诱因和主要驱动力，贡献率占66%以上，且随氮肥用量的增加，其对酸化贡献呈指数增加。施肥可能通过3个主要途径影响土壤的pH：一是直接供给氢离子或氢氧根离子，二是施肥后发生的氧化反应（如硝化作用等），三是由于作物根际对阳离子吸收不平衡而造成的生理酸化作用。施肥引起土壤pH变化的影响大小取决于土壤的诸多参数，如土壤类型、土壤缓冲性能、有机质含量等。

湖南省典型农田土壤——水稻土和红壤上设置的长期监测点土壤pH及相关数据统计分析结果表明，由于水稻生长期间的淹水耕作导致铁、硫的氧化还原，铵的积聚以及二氧化碳还原为甲烷等生物地球化学过程，使酸性土壤的pH提高、碱性土壤的pH下降，形成水稻土的pH相对稳定在6~7之间，持续种植水稻模式的水稻土在长期施肥下未呈现明显酸化。而水旱轮作模式下，土壤有相对较长的时间处于好气条件，易于氨态氮的硝化作用和硝态氮的淋失，加上耕层土壤中大量亚铁氧化过程中氢离子的释放，水稻土出现显著酸化，其pH平均下降速率为每年0.076，是持续种植水稻模式的10倍。起始pH相对较高（pH>6）的红壤长期施肥下出现极显著酸化，pH平均下降速率为每年0.075，与化肥氮施用量呈显著正相关；pH相对较低（pH 4~5）的红壤长期施肥下未显著酸化。化学氮肥施用量的增加是水旱轮作下土壤酸化的重要因素之一。长期作物收获带走大量的盐基离子，每公顷每年能够增加氢离子1 520千摩尔，这是导致我国农田土壤酸化的原因之一。

研究数据整合分析显示，旱地施肥量为每公顷120~240千克、施肥年限为15~20年、一年一熟和初始pH≤6.5时pH降低幅度最大；平均每公顷施氮量为150千克的条件下，施用化肥降低土壤pH的幅度为10.46%；每公顷施氮量为60~120千克条件下，农田土壤pH降低的幅度最小，为5.48%。一年一熟作物体系的降低幅度分别比一年两熟和一年三熟作物体系的高3.26%和2.79%；酸性土壤（pH≤6.5）降低幅度分别比中性土壤（pH 6.5~7.5）和碱性土壤（pH≥7.5）高3.71%和3.36%。施肥年限小于10年或超过

20年,农田土壤pH降低的幅度最小,分别为8.37%和6.68%。

　　研究发现,自20世纪80年代到21世纪初,我国农田土壤pH下降0.5个单位,未来土地利用趋向集约化且粮食需求量有所增大,土壤酸化程度或将继续增加。

## ▶ 第二节　土壤酸化对植物生长及生态环境的影响

　　目前,酸性土壤已成为一些地区农业发展的限制因子。酸化严重的土壤上种植作物产量很低,有的甚至绝收。酸性土壤上,植物利用养分能力低,土壤养分更容易流失,潜在面源污染风险高。土壤pH低,土壤中重金属活性升高,影响农产品的安全。土壤酸化也可引发生物多样性的降低、生物群落结构的改变。

### 一　铝(Al)毒

　　酸性土壤限制植物生长的因子分为物质过多和物质过少两种,过多的物质主要有酸、铝、锰、铁,过少的物质主要有钙、镁、氮、磷。

　　铝毒被认为是酸性土壤限制植物生长的最主要因子,铝本身在对植物产生直接毒害的同时,也间接地影响了植物对多种养分的吸收,降低了植物养分吸收效率。土壤pH<5时,难溶性铝转变成交换性铝(主要是铝、氢氧化铝),并呈指数增加。土壤中的活性铝离子会大量溶出,其中浓度很低的铝离子($Al^{3+}$)可对植物造成严重危害。当每千克土壤中交换性铝含量大于2厘摩尔时,植物会出现铝毒害症状,主要表现为破坏根尖结构,抑制根系的伸长,影响根系吸收功能,进而影响植物生长和作物产量。当每千克土壤中活性铝含量为4.4厘摩尔时,大豆生长明显受抑制,根系变短,根冠表皮脱落、结构坏死,叶片出现脉间失绿白化的综合缺素症状。铝可在植物根部直接产生毒害作用,植株遭受铝毒害直观表现为根系生长受阻。铝毒害可导致植物的养分、水分吸收效率大幅下降,植株地上部生长发育受阻,长时间遭受铝胁迫甚至会导致植株枯萎死亡。

不同作物对铝的抗性有明显差异。番茄、紫花苜蓿、胡萝卜、芹菜、大麦和甜菜等特别易遭铝毒的危害,棉花对铝毒非常敏感,黄豆不敏感,玉米相对来说耐性较强。铝毒害是酸性土壤上作物长势差的主要因素。每千克土壤中溶液铝含量大于1毫克时,玉米生长速度降低。高粱根系只有在80%的交换性铝被中和后才能正常生长。每千克土壤中交换性铝大于0.5毫克时,棉花生长速度下降,外观畸形;大于1毫克时,棉花根系死亡。铝的存在大大地降低了植物对钙的吸收,并阻碍钙向植物芽端运输。

## 二 养分有效性

土壤pH是决定土壤中养分有效性的主要因子之一,对土壤中植物养分的有效性有较强的影响。土壤酸性增强,大多数的养分有效性降低,其中以氮、磷、钾、硫、钙、硼和钼降幅为最大。土壤的酸性条件又加速了铵、钾、钙、镁等阳离子从土体中的淋失,使土壤"酸""瘦",进而使其上生长的很多农作物养分缺乏。在pH<5的酸性矿质土壤上,作物主要的生长限制因子是离子毒害(主要是游离铝或交换性铝,有时也可能是锰)和磷、钙、镁等养分的缺乏。当pH为5时,氮、磷、钾、硫、钙、镁、钼的有效性低。提高pH,可增加土壤中植物营养元素的有效性。当土壤pH为5.5~6.0时,植物生长所需的大多数养分有效性较高。如图7-1所示为酸性土壤上玉米表现出明显的缺磷症状。

图7-1 酸性土壤上玉米表现出明显的缺磷症状

### 三 作物生长

#### 1.水稻

土壤酸化主要对双季早、晚稻前期分蘖有一定的抑制作用。随着土壤酸化程度的增加，早稻、晚稻的每穗粒数、结实率和千粒重均表现出下降趋势，双季早、晚稻始穗期推迟，生育期延长。土壤pH在5.0以下时，早稻产量平均下降7.82%，晚稻产量平均下降8.06%；土壤pH在4.0以下时，双季稻产量下降幅度更大，早稻、晚稻产量分别下降30.09%和19.15%。

#### 2.小麦

酸化土壤可对小麦幼苗的地上部分生长产生不良影响。酸化土壤的酸度增加，小麦幼苗的株高和地上部干重会随之降低，一般株高降幅为12.03%~34.56%，地上部干重降幅为13.79%~35.98%。酸化土壤也可对小麦根系造成明显伤害。酸化土壤的酸度增加，小麦幼苗的单株次生根条数和根干重降低，单株次生根条数降低34.26%~38.23%，根干重降低39.22%~3.00%。随着酸化土壤酸度的增加，小麦幼苗叶绿素含量可降低16.44%~19.17%。当土壤pH为4.0~4.8时，酸化处理红壤冬小麦生物量随酸度增加而显著降低，且严重限制了冬小麦植株生长及对钾的吸收。pH越低，抑制作用越大，钾的生物有效性越低。

#### 3.油菜和玉米

土壤酸碱度适宜（pH 6.0~7.5）可以促进油菜根系的生长，若过酸（pH<5）则会对油菜根系的生长起抑制作用，甚至是毒害作用。土壤酸化明显抑制了油菜根系的生长，油菜根系体积会随pH的降低呈现下降趋势。如图7-2所示为酸性土壤上不施肥油菜绝收。油菜根生物量随着pH的下降呈现出明显的下降趋势，pH为5.0的土壤上生长的油菜根生物量比pH为7.3的土壤上生长的油菜根生物量下降了57.1%。酸性土壤对玉米生产也有影响，长期施用氮肥会造成土壤酸化，导致玉米产量连年下降，有的甚至绝产。

图7-2　酸性土壤上不施肥的油菜绝收(右侧为未施肥对照)

### (四) 土壤微生物与重金属

土壤pH是影响土壤细菌群落地理分布的主要因素,在农田生态系统中,pH对细菌群落的改变起主要作用。一项对砂姜黑土长期定位的试验结果表明,施用化肥可显著降低砂姜黑土土壤pH,土壤酸化明显;由施肥引起的低pH使得嗜酸、耐酸细菌在细菌群落中的比例增大。土壤酸化是导致砂姜黑土细菌群落变化和多样性丢失的主要因素。

当土壤pH<6.0时,土壤中镉(Cd)的离子交换态比例升高,可为总量的40%~60%;在pH<6.5时,土壤中铅(Pd)的离子交换态占总量的比例也直线上升。

## ▶ 第三节　土壤酸化预测与酸害阈值

改良酸性土壤可通过选择石灰质物质,合理确定pH提升目标、施用量和施用频度,快速提升土壤pH;采用秸秆还田、种植绿肥等方法,可提升耕地土壤酸缓冲容量和地力水平,有效提升土壤长期抗酸化能力;开展水稻、小麦等粮食作物与绿肥轮作,结合测土配方施肥,合理利用碱性化肥和微生物土壤修复产品,可有效提升土壤pH。这些改良措施对贯彻落实"藏粮于地,藏粮于技"战略,大力开展退化耕地治理,守牢耕地质量红线,确保国家粮食安全具有重大现实意义。

## 一 土壤交换性铝临界值

土壤酸度的大小与土壤溶液中氢离子浓度有关,交换性铝是土壤溶液中氢离子的主要来源。

在红壤上种植的玉米生长主要受土壤pH控制,内在机制是交换性铝和交换性钙交互影响,随交换性铝减少和/或交换性钙的增加,玉米生物量逐渐增加。在最佳生长情况下,第四纪红土和红砂岩的pH临界值、交换性铝临界值相当(pH 5.5、交换性铝0.13厘摩尔/千克);而板页岩的pH及交换性铝临界值都较高(pH 5.8、交换性铝0.16厘摩尔/千克),其交换性钙也较高(5.5厘摩尔/千克)。

土壤pH与烟草生物量相关性在高酸度土壤上达到了显著水平;在中、低酸度土壤上的相关性均不显著,交换性铝含量与烟草生物量均呈显著或极显著负相关,且后者的相关系数均大于前者,说明施用白云石粉提高烟草生物量的一个主要途径是通过降低铝毒来实现的。烟田土壤交换性铝的临界指标为0.30~0.45厘摩尔/千克,高于此临界值,应施用白云石粉进行调酸。

综合来看,交换性铝浓度过高会对作物生长造成毒害,当土壤中铝浓度降为0.2厘摩尔/千克以下时,铝毒的危害不明显,作物增产显著。

## 二 作物产量与土壤中交换性铝关系

铝毒是皖南黄红壤作物生长的重要限制因素,作物产量与土壤中交换性铝的含量呈显著负相关。施用白云石粉改良酸性土壤、提高作物产量主要是通过降低铝的毒害来实现的。在不同交换性铝含量水平下,同一土壤交换性铝降低带来的增产幅度是不同的。在交换性铝含量水平较低时,降低交换性铝的增产效果不是十分明显。当土壤交换性铝在0.1~1.5厘摩尔/千克时,降低交换性铝的增产效果大约在5%。土壤中交换性铝从2.5厘摩尔/千克降至1.0厘摩尔/千克时,增产效果在15%左右。随着交换性铝含量水平提高,降低土壤交换性铝带来的增产效果越来越显著。当土壤交换性铝在2.1~2.5厘摩尔/千克时,增产幅度为7%。当土壤交换性铝由3.1厘摩尔/千克降为2.0厘摩尔/千克左右时,增产幅度在24%左右。当土壤交换性铝在2.7~3.4厘摩尔/千克时,增产幅度为30%。如表7-1所示为作物产量与土壤pH、交换性铝的相关系数。

表7-1 作物产量与土壤pH、交换性铝的相关系数

| 作物 | 交换性铝 | pH |
|------|---------|-----|
| 第1季小麦 | $-0.8929^*$ | 0.8174 |
| 第3季油菜 | $-0.8816^*$ | 0.8621 |
| 第4季玉米 | $-0.7216$ | 0.6974 |
| 第5季油菜 | $-0.8805^*$ | 0.8774 |
| 第6季大豆 | $-0.9865^{**}$ | $0.9305^*$ |

注:$^*$表示相关系数达到5%显著水平,$^{**}$表示相关系数达到1%极显著水平。

## ▶ 第四节 石灰质物质改良酸性土壤

### 一 石灰质物质

通常改良酸性土壤所用的石灰质物质包括钙、镁的氧化物、氢氧化物、碳酸盐和硅酸盐。如图7-3所示,施用石灰质物质可以大幅度改善油菜生长,提高油菜籽产量。施用石灰质物质是改良酸性土壤和消除铝毒最有效、最经典的方法。

石灰质物质的施用量取决于土壤pH高低、土壤缓冲能力强弱以及栽培作物的种类。土壤pH低时,石灰质物质施用量高;土壤缓冲能力强的,石灰质物质施用量也高;栽培耐酸能力弱的玉米、黄豆、小麦等作物时,石灰质物质施用量就高;栽培耐酸能力强的马铃薯、西瓜等作物时,石灰质物质施用量就低。另外,不同的石灰质物质材料品种改良酸性土壤的效果也不同,如将碳酸钙的改良酸性土壤效果作为100%的话,那么粉煤灰的效果则只有25%~50%。此外,施用深度的不同也会影响石灰质物质

图7-3 酸性土壤上施用石灰显著提高油菜产量(右侧为未经石灰处理)

用量的多少。如施用同一种石灰质材料,施用深度7.6厘米时,石灰质材料施用量就需乘以系数0.43;如施用深度为30.5厘米时,石灰质物质施用量就比浅施7.6厘米的要高出很多,需乘以系数1.71。石灰质材料颗粒粒径大小一般以50~100目为佳, 如颗粒粒径为8~20目时,1年后改良效果只有20%,4年后为45%。所以石灰质材料颗粒粒径大,达到相应酸性改良目标的石灰用量就需要增加。如表7-2所示为酸性材料、施用深度和颗粒大小改良土壤效果。

表 7 - 2 酸性材料、施用深度和颗粒大小改良土壤效果

| 材料 | | 施用深度 | | 颗粒大小/目* | 效果/% | |
|------|------|------|------|------|------|------|
| 石灰质物质 | 相当于碳酸钙的百分比/% | 厘米 | 换乘系数 | | 1 年后 | 4 年后 |
| 碳酸钙 | 100 | 7.6 | 0.43 | >8 | 5 | 15 |
| 石灰石粉 | 85~100 | 10.2 | 0.57 | 8~20 | 20 | 45 |
| 白云石石粉 | 95~108 | 15.2 | 0.71 | 20~50 | 50 | 100 |
| 生石灰 | 150~175 | 20.3 | 1.14 | 50~100 | 100 | 100 |
| 熟石灰 | 120~135 | 25.4 | 1.43 | | | |
| 粉煤灰 | 25~50 | 30.5 | 1.71 | | | |
| 石膏 | 无 | | | | | |

注:＊表示粗略算法,即直径(厘米)＝25.4/目数×0.65。

石灰质物质的增产效果除与土壤起始酸度有关外，还在很大程度上取决于作物种类、石灰质物质施用量和类型，这也导致了应用石灰质物质改良土壤酸度获得作物增产还存在一定的不确定性。一项酸性土壤施用石灰质物质提高作物产量的整合分析结果显示，与不施石灰质物质相比，酸性土壤上施用石灰质物质可提高作物产量，增产幅度为2%~255%，粮食类作物和经济类作物增产率分别为42%和47%。其中，粮食类作物增产率大小排序为玉米（149%）>高粱（142%）>麦类（55%）>豆类（32%）>水稻（4%）>薯类（2%），经济类作物增产率大小排序为蔬菜（255%）>牧草（89%）>油菜（26%）>水果（23%）>烟草（7%）。施用石灰质物质作物增产率随土壤初始pH的升高呈先升高后降低趋势：当pH为4.3时，增产效果最好，达99%；pH在5.8以上出现减产。在常见土壤酸性范围（pH 4.5~5.5），石灰质物质用量每公顷3 000~6 000千克时作物产量最佳，增产率为55%~173%。熟石灰的增产效果（100%）要优于生石灰（32%）和石灰石粉（64%）。施用石灰质物质提高土壤pH和交换性钙含量、降低交换性铝含量，是作物增产的主要原因，且当每千克土壤中交换性钙为6.2厘摩尔时增产率最大，这也证实了改良土壤酸度时需要中等石灰质物质用量。酸性土壤添加石灰质物质对蔬菜和玉米的增产效果较好，应优先选用熟石灰。一般每公顷石灰质物质用量以3 000~6 000千克为宜，在pH大于5.8时不宜施用，即酸性土壤改良目标值为pH 5.8。

研究结果显示，土壤pH≤4.5时，每亩石灰质物质的用量为75~160千克，施用间隔年限为2.5~3年；当土壤pH为4.5~5.0时，每亩石灰质物质的用量为45~90千克，施用间隔年限为2.0~2.5年；当土壤pH为5.0~5.5时，每亩石灰质物质的用量为25~50千克，施用间隔年限为1~2年。

## 二 白云石

白云石是碳酸钙和碳酸镁以等比例组成的，施用不同量白云石粉能够减少土壤中交换性铝的含量，降低土壤的酸度，提高土壤养分的有效性，改善作物的生长发育状况。如图7-4所示为机械撒施白云石粉改良酸性土壤。

### 1.对土壤pH和交换性铝的影响

施用白云石粉对黄红壤有明显的降酸作用。第1季小麦收获后，施用

图7-4　机械撒施白云石粉改良酸性土壤(韩上 供)

白云石粉的土壤pH较对照提高0.47~0.83个单位,提高的幅度与白云石粉施用量呈密切正相关。这种明显的降酸作用一直持续至第6季,施用低量白云石粉的降酸作用几乎消失,而施用高量白云石粉仍可维持一定的降酸作用,土壤pH较不施用白云石粉的对照高0.33个单位。施用白云石粉后,土壤交换性铝的含量大幅下降。第1季小麦收获后,施用白云石粉的土壤交换性铝的含量较对照下降了60.9%~92.8%;其后各季土壤交换性铝的含量逐渐上升,至第6季大豆收获后,施用高量白云石粉的土壤交换性铝含量较对照仍下降13.6%。

**2.对作物生长的影响**

施用白云石粉的小麦株高比对照增加2.0厘米,茎秆重增加5.8%~39.7%,千粒重增加0.71~4.00克。红豆角每株果数比对照多0.8~2.2个,每荚粒数多0.2~0.4个,千粒重高0.9~13.9克。油菜株高增加7~13厘米,角果数增加22.4%~31.7%,分枝数增加12.3%~27.7%。玉米植株生物产量增加40%~50%,秃顶长度减少1.2~1.9厘米,穗粒数增加20~190粒,百粒重增加1.4~2.4克。黄豆株高增加6.1~18.2厘米,每株荚数增加4.5~28.1个,分枝数增加0.7~1.2个,粒数增加18.6~61.1个,茎秆重量增加10.7%~32.1%。

### 3.对作物产量的影响

施用白云石粉,第1季作物小麦增产10.8%~13.4%,其中以每公顷土地白云石粉用量为1 100千克的产量为最高,继续增加白云石粉的用量,产量则呈下降趋势。第2~6季作物施用白云石粉不同处理较对照分别增产21.5%~48.6%、9.4%~16.2%、10.9%~44.6%、7.9%~22.0%和6.6%~29.8%。豆类作物对酸性条件比较敏感,在豆类作物上施用白云石粉效益较高(表7-3)。施用白云石粉,连续三年六季作物都有较高的收益。

表7-3 施用白云石粉对作物产量的影响

(单位:千克/公顷)

| 白云石用量 | 第1季小麦 | 第2季赤豆 | 第3季油菜 | 第4季玉米 | 第5季油菜 | 第6季大豆 | 总计 |
|---|---|---|---|---|---|---|---|
| 0 | 2 310 | 1 070 | 2 167 | 3 408 | 1 780 | 1 519 | 12 254 |
| 600 | 2 580* | 1 300 | 2 370* | 3 779* | 1 921* | 1 620 | 13 570 |
| 1 100 | 2 620** | 1 420* | 2 481** | 4 135** | 2 067** | 1 741 | 14 464 |
| 1 600 | 2 610** | 1 490** | 2 518** | 4 928** | 2 172** | 1 806* | 15 524 |
| 2 500 | 2 560* | 1 590** | 2 401** | 4 001** | 2 025** | 1 972** | 14 549 |

注:*和**分别表示产量差异达到显著水平(5%)和极显著水平(1%)。

### 4.对土壤养分含量和作物吸收的影响

施用白云石粉的土壤碱解氮含量有所提高,其中以每公顷白云石粉用量为1 100千克的含量为最高,达到了84.2毫克/千克,比不施白云石粉对照增加11.7毫克/千克。虽然施用白云石粉对当季土壤有效磷有负面影响,但随着时间的推移,碳酸盐矿物颗粒完全分解,施用白云石粉更有利于土壤有效磷含量的提高。施用白云石粉后土壤速效钾的含量变化趋势略有增加。

白云石粉为富含钙、镁的硅酸盐矿物,施用后,土壤中交换性钙和镁的含量大幅度提高,且随着白云石粉用量的增加而显著增加。研究发现,使用高量白云石粉的土壤交换性钙和镁的含量分别较对照增加1~5倍。

由于白云石粉的施用改善了土壤营养环境条件,作物的生长和发育都得到了促进,增加了作物对养分的吸收,所以肥料的利用率有一定的提高。施用白云石粉的小麦氮素利用率可提高4.0%~4.6%,油菜提高9.2%~11.9%。两季作物平均氮素利用率提高6.6%~8.2%。

### 5.改良后效

施用白云石粉能显著提高酸性土壤上的作物产量,并且有非常明显的后效,其后效的大小与长短与施用量有着密切的关系。随着时间的推移,施用白云石粉量小的处理,土壤增产效应越来越小并逐渐消失;在施用量大的处理中,土壤显著的增产效果仍在延续。

以基础土壤交换性铝含量为临界值时,每亩施用40.0千克、73.3千克、106.7千克、166.7千克白云石粉,其改良效果可分别持续2.1年、2.5年、2.6年、2.8年。以降低基础土壤交换性铝含量25%为临界值,每亩施用40.0千克、73.3千克、106.6千克、166.7千克白云石粉,其改良效果可分别持续1.5年、1.9年、2.3年、2.4年左右。以降低基础土壤交换性铝含量50%计算,则每亩施用白云石粉40.0千克、73.3千克、106.7千克、166.7千克,其改良效果可分别持续0.9年、1.4年、1.6年、2.0年。

## 三 白云石(或石灰)+沸石

天然沸石是一种含水的碱金属和碱土金属的架状铝硅酸盐矿物,具有强大的离子交换吸附特性,可以增加土壤对铵、磷酸根和钾等的吸附能力,在工农业上有较广泛的用途。将天然沸石制备成尿素沸石施用,具有改良土壤、调节水肥及提高土壤营养元素有效性等功能。沸石与肥料混合使用,可以有效促进作物的生长发育,增加作物对养分的吸收。施用石灰是改良酸性土壤、降低土壤酸度和消除铝毒的最有效的方法,施用石灰降低酸度的作用并不限于施用当年,往往有较长的后效。酸性土壤施用天然沸石和石灰,不仅能充分发挥二者各自在改良土壤方面的优势,还能使二者的效能叠加,更彻底地消除酸性土壤的障碍因素,对提高土壤的保肥性能及养分的生物有效性、降低土壤酸度有着良好的作用。

### 1.对作物生长的影响

皖南地区酸性红黄壤施用"尿素沸石+白云石"后,盆栽玉米植株干物重及吸收氮、磷、钾养分量分别较对照增加54.5%、66.5%、71.4%和27.9%。盆栽大豆植株干物重、根瘤数以及吸收氮、磷、钾养分量分别比对照增加39.4%、134.7%、44.4%、17.5%和18.0%。施用尿素沸石、白云石或两者配合,玉米形态(植株高、穗位高、茎粗)、经济性状(穗长、穗粗、穗粒数、穗粒重、千粒重)等均有不同程度的提高。施用尿素沸石+白云石作物较

对照增产23.5%,差异达极显著水平,比单施沸石和单施白云石作物分别增产15.7%和13.1%,差异分别达极显著、显著水平。

### 2.对作物产量的影响

在酸性黄红壤农田里,施用"沸石+石灰"可有效地促进大豆和油菜的生长发育,显著提高大豆和油菜的产量。在施用氮、磷、钾的基础上,再施用石灰、沸石可显著提高大豆的籽粒产量。施用石灰处理的作物比仅施氮、磷、钾对照作物增产17.0%,施用沸石作物增产了8.4%,沸石和石灰配合使用能增加大豆籽粒产量34.4%。施用石灰处理的油菜产量显著提高,增产幅度为46.7%~72.8%;石灰和沸石配合使用的作物比对照增产70.5%~72.8%,比施用石灰的处理增产11.1%~12.6%。沸石和石灰配合使用的大豆和油菜产量增加的幅度比单施石灰和单施沸石的增产百分数之和还要高。由此可见,沸石和石灰在提高作物产量上有明显的正交互作用。

### 3.对土壤pH和活性铝(Al)的影响

施用石灰,土壤pH提高2个单位,土壤活性铝含量降低1/3~2/3。从土壤活性铝和pH的关系来看,其趋势是土壤pH的提高与土壤活性铝的降低密切相关。石灰和沸石的配合使用也降低了土壤活性铝的含量,单施沸石对土壤pH和活性铝含量影响较小。

### 4.对土壤养分的影响

酸性黄红壤单施磷肥,土壤有效磷含量难以提高,施用了一定数量的磷肥后,有效磷含量也只有4.7毫克/千克。分别施用沸石和石灰,土壤有效磷含量均显著提高,沸石和石灰配合施用效果更佳。使用石灰的土壤有效磷含量都在15.0毫克/千克以上,比对照高10.0毫克/千克。使用沸石的土壤有效磷含量比对照要高4.2毫克/千克。石灰和沸石配合使用的土壤有效磷含量比单施石灰要高2毫克/千克以上,沸石可以提高土壤磷素养分的有效性。施用沸石可以提高土壤速效钾含量,施用石灰可以提高土壤交换性钙、交换性镁含量。

## 第五节 有机物(肥)料改良酸性土壤

酸性土壤大都分布于水热资源丰富地区,酸性土壤限制因子不仅仅是酸害和铝毒,其中的一系列养分如钙、镁、磷等甚至一些微量元素都相对缺乏。所以,改良酸性土壤,需要在提高土壤pH的同时,补充土壤中缺乏的营养元素。

使用石灰是改良酸性土壤最传统的方法。石灰不仅能中和土壤中的酸,还能改善土壤结构,增加土壤钙含量。但施用石灰也有不少缺点:如石灰仅对表层土壤酸度提高有效,对底层土壤的酸度影响很小;如果施用方式不合理,容易造成土壤板结;深层改良不足,但实际耕作中很多植物根系下扎很深,所以效果并不佳;再加上在施用过程中,石灰粉尘飞扬,使得农户越来越不愿意施用。另外,因为石灰大多需要购买,基于经济利益的考虑,农户也越来越不愿意施用。现在,越来越多的农户采用施用有机肥、绿肥等方式来改良土壤,增加单位产量。

### 一 有机肥

有机肥大都含有一些碱性物质,施用有机肥不但可以提高土壤pH,还能提供养分,同时可以改善土壤的物理结构。长期施用有机肥不仅能防治红壤酸化、提高土壤pH,而且能提高红壤有机质、阳离子交换量,进而增强红壤酸缓冲能力。因此,施用有机肥是红壤农田酸化防治的一项有效措施。

研究表明,增施腐熟猪粪、商品有机肥两年后,土壤pH均显著提高,分别比对照增加0.49、0.34个单位。腐熟猪粪能显著降低土壤交换性酸含量,较对照降低0.26厘摩尔/千克。有机肥也能提升土壤交换性钙离子、土壤有机质、速效钾含量。有机肥有效阻控土壤酸化的机制主要有4个,即富含碱性物质(58~372厘摩尔/千克)、络合降低活性铝(95%以上)、增加土壤酸缓冲能力(66%~81%)、降低硝化潜势(67%)。一般来说,最佳有机无机肥配比为:100千克氮+550千克干猪粪（10%有机氮）、150千克氮+

990千克干猪粪（18%有机氮）、200千克氮+1 650千克干猪粪（30%有机氮），施用最佳有机无机肥可实现控酸氮用量减施技术和双配双增阻酸技术。

单施石灰或单施有机肥均可在一定程度上改良柑果园酸性土壤，但两者混施效果最佳，"石灰+有机肥"混施是一种有效的可持续的柑果园酸性土壤改良方法。研究结果表明，单施有机肥或单施石灰可显著增加土壤阳离子交换量和交换性盐基离子总量。其中，单施有机肥可显著提高土壤有机质、碱解氮和有效磷含量，但对土壤酸度无显著影响；单施石灰可显著降低土壤酸度，但对土壤养分无显著影响。石灰和有机肥混施，土壤水解性酸和交换性酸含量降低，土壤pH上升0.38个单位，土壤有机质、碱解氮和有效磷含量增加62.01%~78.38%，且可增加土壤阳离子交换量和交换性盐基离子总量，其盐基饱和度提高13.37%。

## 二 绿肥

绿肥、有机物料或秸秆施入土壤后，可以提高土壤有机质含量，增强土壤微生物活性，进而改善酸性土壤上的植物生长。单施石灰改良酸性土壤虽可以提高土壤pH，但会造成土壤容重增加和孔隙度降低，使土壤耕性变差，并且随着施用时间增加，改良酸性土壤的效果降低。石灰配施绿肥可改善酸性土壤的理化特性，稳定石灰施用提高土壤pH的效应，有利于酸性土壤改良。施用石灰、"石灰+绿肥"、"石灰+绿肥+生物有机肥"的土壤pH分别提高了0.22、0.80、1.07个单位，土壤水解性酸分别降低58.0%、66.7%、77.0%，交换性酸分别降低75.8%、77.8%、80.8%，交换性氢离子分别降低94.6%、96.6%、97.7%，交换性铝分别降低64.3%、65.4%、69.9%，交换性盐基总量分别提高15.5%、16.3%、16.5%，阳离子交换量分别提高13.2%、15.5%、17.6%。石灰、绿肥、生物有机肥具有协同修复酸性土壤的效应。石灰配施绿肥和生物有机肥提高土壤pH和降低土壤水解性酸、交换性酸、交换性氢离子、交换性铝的效果明显高于石灰配施绿肥，石灰配施绿肥的效果明显高于单施石灰。相较单施石灰，施用"石灰+绿肥""石灰+绿肥+生物有机肥"的土壤容重分别降低5.73%、6.56%，土壤孔隙度分别增加5.72%、6.72%，有机质含量分别提高27.02%、35.22%。施用石灰、"石灰+绿肥"、"石灰+绿肥+生物有机肥"的土壤碱解氮含量分别提高25.7%、

17.9%、17.1%，有效磷含量分别提高5.76%、15.0%、34.2%。

### 三 其他物料

#### 1.秸秆腐解产物

将EM菌剂[①]添加到花生、油菜、水稻和豌豆4种作物的秸秆中，腐解150天后可得到秸秆腐解产物。作物秸秆腐解产物均显著提高红砂土土壤pH缓冲容量和抗酸化能力，其中以添加豌豆秸秆腐解产物的效果为最好，其次为花生秸秆腐解产物。与对照相比，添加豌豆秸秆腐解产物土壤的pH缓冲容量提高4.62倍。添加秸秆腐解产物能够有效减缓红砂土的酸化程度，不同秸秆腐解产物对土壤酸化的减缓效果为：豌豆秸秆腐解产物>花生秸秆腐解产物=水稻秸秆腐解产物>油菜秸秆腐解产物，变化趋势与土壤的pH缓冲容量趋势一致。秸秆腐解产物主要通过其表面弱酸官能团解离产生的有机阴离子与氢离子缔合并形成中性分子，有机质表面的负电荷位点上的交换性盐基阳离子释放进入土壤溶液，从而缓解土壤酸化。另外，添加秸秆腐解产物还可降低土壤可溶性铝的浓度，有效抑制土壤固相铝的溶出。

#### 2.富里酸

富里酸具有较强的离子交换能力和吸附能力，不仅能增加土壤对养分的保持能力，改良土壤理化性质，而且能提高土壤对酸碱变化的缓冲能力。研究表明，每千克土壤中添加10克富里酸后，第三纪红砂岩发育的红壤pH比对照提高0.55个单位，第四纪红黏土发育的红壤pH比对照提高0.23个单位。添加富里酸能有效提升土壤的pH缓冲容量，从而提高土壤的抗酸化能力。对pH缓冲容量较低的土壤，富里酸抗酸化能力的提升效果更为明显。原因主要有两方面：一方面，添加富里酸抑制了酸化过程中土壤pH的下降，从而减少了交换性铝的产生，因为酸性土壤中的pH与交换性铝呈此消彼长的关系；另一方面，富里酸分子中羧基和酚羟基等有机官能团与铝离子形成稳定络合物，从而减少了土壤中交换性铝的量。

---

[①] EM菌是以光合细菌、乳酸菌、酵母菌和放线菌为主的10个属80余种微生物复合而成的一种微生物菌制剂。接种EM菌，比自然发酵速度更快，可提高效率。

### 3.复配多肽

烟草专用肥含有的铵态氮、硝态氮对土壤酸化没有改善作用,而复配多肽组(蛋白废弃物转化为小分子多肽)土壤pH比对照提高0.10个单位,且复配多肽不会造成土壤板结等问题,可用于强酸性土壤改良。

### 4.葡萄糖

在强酸性农田红壤中添加足够的葡萄糖等易利用碳源,可快速促进微生物对肥料中铵态氮和硝态氮转化为土壤固相有机氮。添加足够的葡萄糖不仅能提高红壤保氮能力和氮肥利用率,同时可削弱由于铵态氮的硝化及硝态氮淋失导致的土壤酸化作用。葡萄糖与硝态氮的配施处理中,微生物同化和有机碳矿化作用均有利于氢氧根离子的释放或氢离子的消耗,提高土壤pH 0.68~0.70个单位,显著降低土壤酸度。

## ▶ 第六节 生物质炭改良酸性土壤

作物秸秆在厌氧条件下低温热解制备的生物质炭具有较高的pH,通常呈碱性,可用于改良酸性土壤。生物质炭中释放的碱性物质可与土壤中的部分酸性物质发生酸碱中和反应,降低土壤酸度。生物质炭的添加可显著提高酸性土壤pH(图7-5)。

图7-5 酸性土壤上施用生物质炭提高土壤pH(韩上 供)

## 一 生物质炭改良效果与机制

### 1.改良效果

与传统的石灰改良剂相比,生物质炭具有改良红壤酸度、提高土壤肥力的综合优势。有研究结果显示,石灰和生物质炭能有效改良酸性砖红壤pH、降低交换性酸的含量;生物质炭能提高土壤电导率(EC)5~10倍,改良效果明显优于石灰。高量石灰对土壤碱解氮、有效阳离子交换量的改良有一定的副作用,石灰在调节土壤酸碱度的同时,无法兼顾土壤养分。使用生物质炭的土壤碱解氮含量提高34%,有效阳离子交换量提高191%。生物质炭对酸性土壤的改良效果更好,生物质炭的投入量越多,改良效果越好。由于单位质量的生物质炭所含碱性物质的量低于石灰,所以要达到相似的酸度中和效果所需生物质炭的数量远高于石灰。如果将生物质炭与其他改良方法配合使用,则可以更好地发挥生物质炭的综合效应。

### 2.改良机制

生物质炭影响酸性土壤pH可能的机制有以下4种:①生物质炭大多自身含有较强的碱性物质,施入土壤后其内碱性物质很快得以释放,中和土壤中的酸,提高土壤pH;②生物质炭含有丰富的盐基离子,施入酸性土壤后,既可以补充土壤中缺乏的盐基离子,增加土壤交换性盐基阳离子,改善土壤养分有效性,又可以通过提高土壤盐基饱和度来降低交换性铝水平,减少土壤氢离子含量,从而提高土壤pH,生物质炭降低土壤交换性铝是其改良红壤酸度的主要机制;③生物质炭进入土壤后能够促进土壤中有机氮的矿化过程消耗氢离子,抑制硝化作用产生氢离子;④生物质炭丰富的孔隙结构对土壤养分离子的持留有重要的作用,随着生物质炭的添加,土壤孔隙度增加,土壤的物理结构得到改善,从而提高土壤的保水保肥能力。

## 二 作物秸秆生物质炭

### 1.油菜秸秆生物质炭

油菜秸秆生物质炭中含有大量的钙、镁、钾和钠等盐基离子,当添加油菜秸秆生物质炭到酸性土壤后,这些盐基离子可与土壤表面交换位上的氢离子、铝离子发生交换反应,促进交换性铝释放并进入土壤溶液。土壤溶液中的铝发生水解并形成氢氧化铝沉淀,从而降低铝毒的危害。油菜秸秆生物质炭与改良红壤中交换性盐基离子含量存在极显著正相关关系。油菜秸秆生物质炭所含的盐基离子释放,并与土壤交换性酸发生反应,不仅可使土壤交换性盐基离子含量增加,而且提升了土壤对酸碱反应的缓冲能力。在同一条件下,受母质和土壤盐基离子含量的影响,不同地区的油菜秸秆生物质炭改良酸性红壤的效果有一定的差异,如江苏淮阴和南京油菜秸秆生物质炭改良红壤酸度的效果最好,安徽宣城油菜秸秆生物质炭效果次之,而江西鹰潭油菜秸秆生物质炭的改良效果又次之。

**2.稻秆生物质炭**

施用稻秆生物质炭和稻壳生物质炭可显著提高土壤pH(增幅为0.21~2.16个单位),增加土壤电导率(EC)值,大幅降低土壤交换性酸(降幅为25.92%~95.96%)、交换性铝的含量(降幅为23.95% ~ 95.24%),改善土壤酸度。

**3.玉米秸秆生物质炭**

与对照相比,施用300 ℃、500 ℃和700 ℃等不同温度条件下制备的玉米秸秆生物质炭,酸性土壤的pH可分别提高0.363、0.816和1.48个单位,提高幅度随热解温度升高而极显著增加;土壤的交换性铝含量分别降低55.6%、82.7%和98.0%,降低幅度随热解温度升高而极显著增加。玉米秸秆生物质炭中所含钙、镁、钾、钠 4种盐基离子总量与土壤pH之间呈极显著线性正相关性,对提高土壤pH的作用贡献率为99.5%。

**4.花生秸秆生物质炭**

花生秸秆生物质炭作为酸性土壤改良剂施入红壤中,可提高土壤pH,降低土壤的交换性酸量。同样加入量下,不同生物质炭增加土壤pH幅度大小依次为:花生秸秆生物质炭>油菜秸秆生物质炭>稻壳生物质炭,这与不同生物质炭本身含碱量的高低一致。田间条件下施用花生秸秆生物质炭3年后红壤的pH仍明显高于对照处理,说明花生秸秆生物质炭对红壤酸度的改良效果具有持续性。施用花生秸秆生物质炭还可显著提高油菜产量。

## 第七节　微生物制剂与其他土壤调理剂

### 一　微生物制剂

微生物菌肥含有活性微生物,能够促进土壤中物质的转化,促进植株对养分的吸收,改善作物营养,起到调控作物生长的作用,从而达到使作物增产的目的。施用微生物菌肥能够提高酸性土壤的pH,活化土壤养分。

丛枝菌根真菌的菌丝与植株根系共生,可以促进植株对磷元素的吸收,提高根系的养分吸收效率,提高根际土壤pH,增加土壤球囊霉素相关蛋白含量,提高土壤有机质含量。接种丛枝菌根真菌可显著提高根际土壤pH,有效降低土壤酸度。接种摩西管柄囊霉、幼套近明球囊霉、聚丛根孢囊霉、变形球囊霉的桂单0810(玉米新品种)根际土壤pH分别较对照增长了20.64%、18.96%、22.1%、16.26%。接种聚丛根孢囊霉的玉米根际土壤pH最高,达到了8.15。在种植郑单958玉米的土壤中,相同接种处理较对照分别增长了23.9%、23.81%、23.90%、20.47%,其中摩西管柄囊霉、幼套近明球囊霉、聚丛根孢囊霉提升土壤pH的作用较好,施用后的土壤pH为8.03~8.04。

### 二　硝化抑制剂双氰胺

有研究发现,加入硝化抑制剂双氰胺可使土壤pH较对照提高0.37个单位。硝化抑制剂双氰胺可抑制土壤残留铵态氮和来自氮肥的铵态氮的硝化反应,提高土壤pH,降低土壤交换性酸含量,抑制土壤酸化。铵态氮肥与硝化抑制剂双氰胺配合施用可以有效缓解施氮肥引起的红壤酸化,同时可提高土壤供氮能力,减缓土壤交换性盐基离子的流失。

### 三　钙镁磷肥

钙镁磷肥是碱性枸溶性磷肥,肥效平缓,磷素利用率高。施用钙镁磷肥可以同时提高土壤pH以及南方土壤普遍缺乏的钙、镁等营养元素含量。使用钙镁磷肥,土壤培养120天后,海南省的水稻土和旱地砖红壤pH分别提升0.55个单位和0.81个单位。广西壮族自治区的红壤上栽培玉米,土壤pH随钙镁磷肥施用量的增加而逐渐升高,当每公顷田地施磷量达到600千克时,土壤pH可提高0.55个单位。在湖南酸性水稻土中,每1千克土壤添加3克钙镁磷肥,种植油菜后的土壤pH比对照提升0.53个单位。在江西,每1千克菜田土壤中添加12克钙镁磷肥,种植叶菜后土壤pH可提高1个单位。

### （四）土壤调理剂

施用土壤调理剂是土壤主要的改良措施之一,常见的有以生石灰、矿物原料、工农业废弃物等为主要原料的土壤调理剂。施用不同配比生物质炭基土壤调理剂(每千克土壤生石灰、粉煤灰、钢渣和生物质炭的施用量分别为5.0克、2.5克、5.0克和50克）后，土壤pH可提高0.82~1.75个单位,土壤交换性钙、土壤阳离子交换量分别增加38.52%~122.63%、41.10%~78.65%。

稻田土壤上施用土壤调理剂(氧化钙≥28.0%,二氧化硅≥25.0%,氧化镁≥4.0%,pH为11.06)均可显著提高土壤pH。随着调理剂用量的增加,土壤pH可增加0.23~0.60个单位,土壤交换性铝可降低9.4%~34.4%,盐基饱和度可增加11%~22%。

# 第八章

# 重金属污染土壤的安全利用与治理修复

　　"民以食为天,食以安为先。"土壤是粮食生产的基础资源,农田土壤污染关系到农产品安全和农田生态系统的健康。土壤一旦被污染,则与老百姓日常生活密切相关的"米袋子""菜篮子"将会受到严重威胁。重金属污染带来的镉(Cd)大米、砷(As)超标等食品安全问题,增加了公众对土壤污染的担忧和关注。土壤重金属污染,不仅影响耕地土壤质量和生态环境,也影响食品安全和人民的生命健康,更影响了社会经济的可持续发展乃至人类的未来。

　　2014年4月17日发布的《全国土壤污染状况调查公报》显示:全国土壤环境状况总体不容乐观,部分地区土壤污染较重,耕地土壤环境质量堪忧,工矿业废弃地土壤环境问题突出。全国土壤总的超标率为16.1%,其中轻微、轻度、中度和重度污染点位比例分别为11.2%、2.3%、1.5%和1.1%。污染类型以无机型为主,有机型次之,复合型污染比重较小,无机污染物超标点位数占全部超标点位数的82.8%。从污染分布情况看,我国南方地区土壤污染重于北方;长江三角洲、珠江三角洲、东北老工业基地等部分区域土壤污染问题较为突出,西南、中南地区土壤重金属超标范围较大;镉(Cd)、汞(Hg)、砷(As)、铅(Pb)等4种无机污染物含量分布呈现从西北到东南、从东北到西南逐渐升高的态势。镉(Cd)、汞(Hg)、砷(As)、铜(Cu)、铅(Pb)、铬(Cr)、锌(Zn)、镍(Ni)等8种无机污染物点位超标率分别为7.0%、1.6%、2.7%、2.1%、1.5%、1.1%、0.9%、4.8%。耕地土壤的点位超标率为19.4%,其中轻微、轻度、中度和重度污染点位比例分别为13.7%、2.8%、1.8%和1.1%,主要污染物为镉(Cd)、镍(Ni)、铜(Cu)、砷(As)、汞(Hg)、铅(Pb)等。工矿业、农业等人为活动以及土壤环境背景值高是造成土壤污染或污染物超标的主要原因。

## 第一节 土壤重金属污染及其风险管控标准

农田土壤中的污染物一般可分为无机污染物和有机污染物两种,如重金属、有机物、农药化肥和微塑料等,其来源多可归因于人为因素,如农药化肥的过度使用、废水灌溉、污水污泥再利用、地膜污染和采矿活动等。其中,重金属污染指由重金属或其化合物造成的环境污染,即人类活动如采矿、废气排放、污水灌溉和使用重金属制品等人为因素,使环境中的重金属含量增加,超出正常范围,造成环境质量恶化,如日本的水俣病就是由汞(Hg)污染引起的。重金属污染的危害程度取决于重金属在环境、食品和生物体中存在的浓度和化学形态。在被重金属污染的土壤上种植农作物,重金属元素可从土壤中转化、迁移到农作物根茎叶及果实中去,进而造成农作物和农产品的重金属污染。

《土壤环境质量 农用地土壤污染风险管控标准(试行)》(GB 15618—2018)规定了农用地土壤污染风险筛选值(表8-1)和农用地土壤污染风险管制值(表8-2)。农用地土壤污染风险筛选值是指农用地土壤中污染物含量等于或者低于该值的,对农产品质量安全、农作物生长或土壤生态环境的风险低,一般情况下可以忽略;超过该值的,对农产品质量安全、农作物生长或土壤生态环境可能存在风险,应当加强土壤环境监测和农产品协同监测,原则上应当采取安全利用措施。农用地土壤污染风险管制值是指农用地土壤中污染物含量超过该值的,食用农产品不符合质量安全标准等农用地土壤污染风险高,原则上应当采取严格管控措施。

农用地土壤污染风险筛选值和管制值的使用。当土壤中污染物含量等于或者低于表8-1规定的风险筛选值时,农用地土壤污染风险低,一般情况下可以忽略;高于表8-1规定的风险筛选值时,可能存在农用地土壤污染风险,应加强土壤环境监测和农产品协同监测。当土壤中镉、汞、砷、铅、铬的含量高于表8-1规定的风险筛选值、等于或者低于表8-2规定的风险管制值时,可能存在食用农产品不符合质量安全标准等土壤污染风险,原则上应当采取农艺调控、替代种植等安全利用措施。当土壤中镉、

### 表 8-1 农用地土壤污染风险筛选值(基本项目)

(单位:毫克/千克)

| 污染项目 | | 风险筛选值 | | | |
|---|---|---|---|---|---|
| | | pH≤5.5 | 5.5<pH≤6.5 | 6.5<pH≤7.5 | pH>7.5 |
| 镉 | 水田 | 0.3 | 0.4 | 0.6 | 0.8 |
| | 其他 | 0.3 | 0.3 | 0.3 | 0.6 |
| 汞 | 水田 | 0.5 | 0.5 | 0.6 | 1.0 |
| | 其他 | 1.3 | 1.8 | 2.4 | 3.4 |
| 砷 | 水田 | 30 | 30 | 25 | 20 |
| | 其他 | 40 | 40 | 30 | 25 |
| 铅 | 水田 | 80 | 100 | 140 | 240 |
| | 其他 | 70 | 90 | 120 | 170 |
| 铬 | 水田 | 250 | 250 | 300 | 350 |
| | 其他 | 150 | 150 | 200 | 250 |
| 铜 | 果园 | 150 | 150 | 200 | 200 |
| | 其他 | 50 | 50 | 100 | 100 |
| 镍 | | 60 | 70 | 100 | 190 |
| 锌 | | 200 | 200 | 250 | 300 |

注:污染项目中重金属和类重金属砷均按元素总量计。对于水旱轮作地,采用其中较严格的风险筛选值。

### 表 8-2 农用地土壤污染风险管制值

(单位:毫克/千克)

| 污染项目 | 风险管制值 | | | |
|---|---|---|---|---|
| | pH≤5.5 | 5.5<pH≤6.5 | 6.5<pH≤7.5 | pH>7.5 |
| 镉 | 1.5 | 2.0 | 3.0 | 4.0 |
| 汞 | 2.0 | 2.5 | 4.0 | 6.0 |
| 砷 | 200 | 150 | 120 | 100 |
| 铅 | 400 | 500 | 700 | 1 000 |
| 铬 | 800 | 850 | 1 000 | 1 300 |

汞、砷、铅、铬的含量高于表8-2规定的风险管制值时,食用农产品不符合质量安全标准等,农用地土壤污染风险高,且难以通过安全利用措施降低,原则上应当采取禁止种植食用农产品、退耕还林等严格管控措施。

## 第二节 农产品重金属超标原因分析

### 一 不同作物生产系统中镉的流向及平衡状况

**1.水稻**

农田水稻生产系统中重金属来源物和农产品及排水中重金属含量有较大的空间变异性。有机肥和生活垃圾中重金属含量明显高于化肥,不同化肥品种中重金属含量大小依次为磷肥=复合肥>钾肥>氮肥。农田系统中重金属输入量依次为有机肥施用(60.40%~99.36%)>大气沉降(0.46%~39.26%)>化肥施用(0.17%~1.45%)>灌溉水(0.001 6%~1.62%)。农田系统中铅、镉、锌和汞的输出量依次为农产品>地表排水。重金属总积累量和输入强度依次为锌>铜>铅>镉>汞。水稻生产系统中的年表土镉浓度增加值为0.003 1毫克/千克,没有外源重金属污染的话,单纯的水稻生产系统,因为使用化肥特别是磷肥的缘故,土壤重金属含量虽会有所提高,但重金属累积量小,土壤镉浓度幅度达到0.3毫克/千克需要上百年的累积。

**2.蔬菜**

蔬菜生产系统中重金属的输入量由高至低依次是有机肥施用>大气沉降>化肥施用>灌溉水,由有机肥施用、大气沉降、化肥施用和灌溉水输入的重金属元素镉的输入量占总输入量的比例分别为81.22%~99.36%、0.46%~18.52%、0.17%~1.45%和0.001 6%~0.013%。蔬菜生产系统中镉重金属的输出量依次为农产品>地表排水。土壤重金属的总积累量和积累速率由高至低依次为锌>铜>铅>镉>汞。年表土镉浓度增加值为0.006 8毫克/千克。总体上,水稻生产系统中重金属的输入和积累量明显低于蔬菜生产系统。单纯的蔬菜生产系统由于施肥量特别是有机肥施用量远大于水稻生产系统,重金属需要50年的累积,才能提高土壤镉浓度至0.3毫克/千克,累积速度比稻田生产系统快1倍。

### 3.有机农业

有机农业生产体系由于严格禁止某些矿物肥料尤其是磷肥、杀虫剂等物质的投入,大大降低了重金属元素污染土壤的风险。整体上有机农业土壤重金属污染的威胁较小。有机农业生产系统中,如果缺乏对有机肥原料的监控,施用含有重金属的有机肥,则往往也会造成有机农业生产体系土壤重金属的富集,进而会威胁有机食品的品质与安全。

## 二 农业系统外的重金属额外输入

### 1.外来额外输入整体污染情况

工业"三废"等污染物可通过灌溉水进入土壤,也可通过大气污染、空中含重金属颗粒物的干湿沉降造成土壤污染。随着时间的推移,农田表层土壤重金属含量有逐渐增加的趋势。土壤重金属含量增加在工矿企业周边的农田表现得更为突出。2014年的全国土壤污染调查结果显示,重污染企业用地及周边土壤监测点位中,超标点位占36.3%,主要涉及黑色金属、有色金属、皮革制品、造纸、石油煤炭、化工医药、化纤橡塑、矿物制品、金属制品、电力等行业;工业废弃地土壤监测点位中,超标点位占34.9%;工业园区土壤监测点位中,超标点位占29.4%;固体废物处理处置场地土壤监测点位中,超标点位占21.3%;矿区土壤监测点位中,超标点位占33.4%,有色金属矿区周边土壤镉、砷、铅等污染较为严重;污水灌溉区土壤监测点位中,超标点位占26.4%;干线公路两侧土壤监测点位中,超标点位占20.3%,主要污染物为铅、锌、砷等,一般集中在公路两侧150米范围内。

工业化和城镇化进程的加快,农业系统外的重金属的输入,可在很长时间对土壤造成严重的污染。要想从源头上杜绝重金属污染,需要在农业生产系统之外采取更加严格的措施和更加有效的政策。

### 2.企业周边土壤

有研究发现,江苏省太湖地区某冶炼厂周围农田的镉含量高达5.67毫克/千克,污染指数近10,大于综合污染指数3这一标准,处于重度污染水平。张家港市不同类型的工厂企业周围水稻铜含量在化工类企业周围高于其他类型企业和大田样点,明显高于电镀类企业周围。就铅而言,冶金类企业周围水稻铅含量最高,其次是化工类,养殖类企业周围的水稻铅含量最低。此外,化工类企业周围水稻镉含量也最高。工厂企业周围的水稻样品中3种重金属元素含量的平均值要高于大田采样的水稻样品,且在企业周围水稻镉含量显著大于大田水稻。这些特征与土壤中重金属元素的富集状况有着明显的相似性。

### 3.矿区土壤

对安徽省铜陵市矿区周边菜地秋季种植的蔬菜调查和采样分析发现,矿区周边秋季菜园土壤中的总铜、锌、铅和镉的超标样品分别达到41%、41%、5%和77%。其中,铜和镉的平均含量超标,尤其是镉,其平均含量是二级标准的2倍多。

### 4.酸性矿山废水

酸性矿山废水中含有大量的镉、铅、锌、铜等重金属离子,若不经处理直接进入水体,不仅会对使用水体的人和水中生物造成极大的危害,而且会使周边地表土壤生态环境遭受严重的破坏。有研究发现,矿井井水和水沟污水中的镉、锌等金属超标情况严重,水沟污水镉、锌超标倍数分别高达14.1和25.1,水沟污水的超标率为100%,其镉、铅、锌含量和pH超过了田间灌溉水质量标准。污水中的镉、铅、锌含量分别是一般农田灌溉水的3 195倍、838倍和362倍。按照400米³灌溉定额计算,废水进入农田后,每亩一季水稻就可累积镉28 120毫克,增加表土镉浓度为0.188毫克/千克。两季水稻累积增加量就超出了农田土壤环境质量标准的0.3毫克/千克,比一般农区提早98年成为重金属污染土壤。

### 5.大气沉降

现在,随着社会的发展,密集的工业生产、频繁的交通运输和人类活动等向大气中排放的重金属激增,大气重金属沉降也呈迅猛增加趋势。

1)铅锌矿区附近

距离铅锌矿区1千米处每公顷铅的平均沉降量为27克,镉为0.9克,汞为0.38克,锌为12克。

2)铜冶炼厂周边

铜冶炼厂周边每平方米铜年沉降通量平均可达638毫克,高出镉、铅、铬年沉降通量1~2个数量级,每平方米镉、铅、锌、铬4种元素年沉降通量分别达到6.56毫克、70.00毫克、225.00毫克、22.70毫克,是一般农区稻田的44倍、16倍、9倍和1.6倍。镉年沉降通量可使每千克表土镉含量增加0.03毫克,按照这样的速度,只需累积10年就会超过标准值,比一般农田提早90年。

3)高速公路

高速公路旁大气颗粒物中铅含量大大高于土壤中铅含量,并且铅主要吸附在小颗粒上,这些高浓度含铅颗粒降落在土壤和农产品表面,就会对土壤质量和农产品品质造成一定影响。据观测发现,沪宁高速公路两侧距路肩250米范围内土壤和小麦均已受到一定程度的铅污染。其中,小麦籽粒中铅含量超标率在99%以上,最大超标倍数达1.73倍。观测还发现,多数地段土壤铅含量在距路肩100米处较高,而小麦籽粒铅含量则多以距路肩50米和100米处较高。

## ▶ 第三节 农田重金属污染的农艺调控技术

研究表明,农艺调控技术如水分管理、种植季节、施肥管理等可显著降低农作物对土壤中重金属的吸收和富集能力,保证农产品的质量安全。与其他重金属治理方法比较,农艺调控技术具有成本低、无二次污染等优点。现在,越来越多的农艺调控技术被用于降低土壤重金属有效性和植物重金属吸收中。农艺调控技术可分为土壤强化修复措施和植物强化修复措施两种。其中,土壤强化修复措施是指利用农艺调控技术提高土壤中重金属的惰性,使重金属更加稳定地固定在土壤中,减小其被植物富集的可能性。

### 一 施用石灰,降低土壤酸度,提高土壤pH

我国土壤的酸化主要发生在南方地区酸性土壤上。从20世纪80年代早期至今,几乎在我国发现的所有土壤类型的pH都下降了0.13~0.8个单位,且土壤酸化还有逐渐发展的趋势。总的来说,土壤酸化原因主要有以下几点:一是降水量大而且集中,淋溶作用强烈,钙、镁、钾等碱性盐基大量流失,这是造成土壤酸化的根本原因;二是工业含酸废水排入农田;三是酸雨大面积扩大;四是大量使用氮肥和磷肥。研究表明,土壤pH每下降1个单位,土壤中重金属活性值就会增加10倍。石灰能够在提高土壤pH的同时明显降低土壤中有效态镉浓度,在土壤中施入石灰是治理镉污染土壤最经济有效的措施之一。高剂量石灰处理60天后,土壤pH由4.49增加到7.49。石灰本身pH较高,氢氧根离子与土壤中有机质的主要官能团羟基和羧基反应促使其带负电荷,土壤中的可变电荷增加,镉的有机结合态比较多,镉可与碳酸根离子、硅酸根离子、氢氧根离子等结合生成难溶的碳酸镉、硅酸镉、氢氧化镉等沉淀。在土壤中施入石灰还能降低土壤中铜、锌等重金属的生物有效性,从而抑制作物对它们的吸收。石灰对土壤pH的影响是使土壤中有效态铜、锌含量降低的主要原因。在红壤中加入高量石灰,修复效果显著;在黄泥土中加入低量或中量石灰即可获得较好的效果。

向重金属铅、镉污染的酸性水稻土中施用石灰性改良剂(碱煤渣、生石灰和高炉渣)能有效抑制水稻对重金属的吸收,降低糙米中铅、镉含量,改善稻米的品质。石灰物质的改良效果与其提高土壤pH的能力呈显著正相关。有机物料(稻草和猪厩肥)的改良作用小于石灰性物质,且效果不稳定。污染稻草还田不仅会使稻米中铅、镉含量提高,而且会加速循环污染。在田间环境下,由于污染企业排污行为使水稻反复暴露于新的污染物充斥的环境中,水稻除吸收土壤中的铅、镉之外,还能从污染灌溉水或大气环境中吸收铅和镉。因此,施用土壤改良剂并不能取得稳定而满意的改良效果。从农产品质量安全角度考虑,在重金属污染严重的工矿地区,应选择避害策略,可采用农业生态工程技术,选择种植非食用作物替代种植水稻等粮食作物,以控制食物链的污染危害。

## (二) 合理施肥,降低土壤重金属的生物有效性

不同化肥对土壤中铜吸附行为的影响作用大小依次为磷酸二氢钾>尿素>硝酸铵>氯化钾>氯化铵>硝酸钙。由于不同化肥对土壤中铜吸附行为的影响不同,因此在铜含量较高的土壤上种植作物时应合理选择施用化肥品种,以避免土壤中铜的迁移转化,降低其生物有效性。

### 1.氮肥

合理的氮肥管理是污染土壤上保证水稻高产和有效控制镉等重金属吸收积累的一项重要农艺措施。施硫酸铵、硝酸铵和尿素对水稻籽粒中镉含量的影响效应相当,施氯化铵更能显著增加水稻籽粒镉含量。石灰氮与石灰的作用效果类似,其主要通过提高土壤pH来降低土壤中镉的生物有效性,最终降低作物对镉的吸收累积。石灰氮与石灰一样可用于酸性重金属污染土壤的修复与改良,是一种极具潜力的土壤改良剂。需要注意的是,石灰氮在低用量时降低水稻累积镉的效果不明显。

### 2.磷肥

磷肥对水稻吸收镉的影响与不同磷肥品种中的铵含量呈正相关,即含铵磷肥磷酸二铵和磷酸一铵比含钙磷肥$[Ca(H_2PO_4)_2]$可显著提高水稻对镉的吸收,磷肥磷酸二铵比磷酸一铵处理明显加大了水稻对镉的吸收。施用过磷酸钙和磷酸二铵可有效地降低土壤及植株根、茎、叶及籽粒对于镉的吸收,水稻的根、茎、叶、籽粒四部分对镉的吸收分别降低41.88%和24.68%、14.95%和78.22%、29.89%和21.41%、38.36%和33.69%。施加不同用量的钙镁磷肥能显著降低水稻籽粒中的镉含量,每公顷分别施用668千克、1 000千克、1 333千克钙镁磷肥,降低幅度分别为16.6%、22.6%、66.6%。尤其是在高磷的情况下,效果尤为明显。

### 3.绿肥

紫云英还田可以显著提高土壤pH及土壤有效铅的含量,对镉无显著影响。应用紫云英还田可显著抑制水稻植株地上和地下部分对镉的积累,尤其是植株地上部分的镉含量,无论是分蘖期还是成熟期均显著低于施用化肥,其中糙米中的镉含量降幅可达80%。

### 4.叶面阻控剂

叶面阻控剂可以分为非金属元素型叶面阻控剂[如硅(Si)、硒(Se)、磷(P)、硼(B)等]、金属元素型叶面阻控剂[如锌(Zn)、铁(Fe)、锰(Mn)、铜(Cu)、钼(Mo)等]和有机型叶面阻控剂(主要有农残降解剂脯氨酸、谷氨酸、半胱氨酸等氨基酸)等三大类。不同叶面阻控剂的原理也不相同,以水稻为例,非金属元素型叶面阻控剂的主要原理是提高水稻根系保护酶活力和自由空间中交换态镉的比例,降低细胞膜透性及自由基对细胞膜的损害,进而抑制水稻对镉的吸收和转运,缓解其毒害;金属元素型叶面阻控剂的主要原理是利用竞争性阳离子与镉离子产生拮抗效应,抑制水稻对镉的吸收,阻止镉转移到稻谷中;有机型叶面阻控剂的主要原理是其内有效成分氨基酸等有机酸进入水稻叶片后能够与重金属镉发生络合反应,同时,氨基酸促进了水稻体内蛋白质的合成,使之钝化沉淀下来。叶面硅肥喷施不仅为水稻提供了养分,而且有抑制镉转运的功能。叶面硅肥处理提高了水稻籽粒和茎叶的干质量,同时有效降低了籽粒中的镉积累,在茎叶部细胞壁中的硅与镉以共沉淀的方式实现对镉的固定,阻止镉转移至稻谷中。叶面锌肥喷施可使锌和镉在转运上形成竞争,抑制镉由作物的叶向籽粒转移。

## （三）土壤改良-农艺综合措施降低农产品重金属含量

不同水分管理方式下,水稻根系、茎叶和籽粒中砷质量分数由大到小的顺序为全生育期淹水>前期淹水+抽穗扬花期烤田>最大田间持水量>80%的最大田间持水量。与采用传统农艺管理措施相比,改良-农艺综合措施(在传统农艺管理措施的基础上,于孕穗末期灌水,保持田面2~3厘米的水层,然后将90克/米²当量的石灰均匀撒施入水中,田间一直保持淹水状态,直到收割前5天自然蒸腾与蒸发落干或排干)管理下,水稻糙米中镉含量降低39.32%。改良-农艺综合措施使得土壤中镉元素最终更易富集在水稻的根、茎、叶等不可食用部分,从而在一定程度上降低了水稻穗部的镉累积量;孕穗末期施加石灰结合后期持续淹水措施可有效阻控镉向稻米中迁移,降低稻米中镉的含量。改良-农艺综合措施是一种经济、有效的稻米镉污染控制技术,具有良好的推广应用前景。

水旱轮作能明显降低镉在水稻茎叶、糙米间的迁移系数,显著降低糙米镉含量。土壤pH、重金属有效含量的变化是耕作方式影响水稻对重金属吸收的最主要因素。

## ▶ 第四节　重金属污染土壤上低积累作物的筛选与替代

　　不同作物以及同种作物不同基因型对重金属吸收和积累的差异为重金属低积累品种的选育提供了可能性,具有良好的应用前景,农业生产中可通过选育重金属低积累的作物和品种来促进食品安全。目前,作物低重金属积累品种选育主要针对镉进行。近年来,为了降低一些作物特别是粮食作物籽粒中镉含量,实现在中轻度镉污染的土壤上生产安全食品,一些国家实施了低镉积累品种的筛选和选育计划,如美国在食用亚麻、加拿大在硬粒小麦和食品亚麻、澳大利亚在小麦和马铃薯等作物上分别进行了筛选和选育。目前,通过育种途径来降低作物镉积累量已在向日葵和硬粒小麦上取得较大进展,这在降低作物镉积累量、提高市场竞争力等方面起到了一定作用,同时也提供了一条在镉污染土壤上持续生产安全农产品的经济、有效的途径。通过作物重金属耐性和低积累基因型的筛选技术,筛选出作物可食部位对单一重金属尤其是多种重金属同时低吸收的作物品种,对降低作物中的重金属积累量,提高农产品安全性,推动我国安全、优质、高效农产品生产的发展具有重大意义。

### 一　水稻品种

　　大量研究表明,不同水稻品种由于遗传上的差异,在对稻田重金属元素的吸收和分配上存在很大差异,这种差异不仅存在于种间(不同种和属),而且在种内(不同变种或品种)也存在。

#### 1.水稻不同组织和器官的含量

　　重金属在水稻体内的分布规律是:在新陈代谢旺盛的器官累积较大,而营养储存器官如果实、籽粒、茎叶等中累积较少。随着重金属添加量的增加,水稻植株不同部位的重金属质量分数也呈上升趋势,其中以根部的增长趋势最为明显,而米粒和谷壳中铬质量分数均无明显增加。

水稻不同器官对重金属元素的吸收蓄积能力存在很大差异，其中以根富集重金属元素的能力为最强，一般以根>茎>叶>籽粒（或糙米）的顺序递减。

镉、铜和铅在污染水稻籽粒中的分布具有明显不均匀性，胚和皮层中的镉、铜、铅浓度均显著高于胚乳。胚乳中的浓度略高于颖壳。从单位重量籽实中的镉、铜和铅总量分布看，胚乳中的积累量占据绝对优势（67%~74%），其次为颖壳（10%~13%）和皮层（10%~12%），胚中的积累量最小（7%~8%）。就浓度来说，颖壳和皮层中铅的平均浓度分别是胚乳的5.2倍和4.8倍；就积累量来说，颖壳中铅积累量占籽粒总积累量的50%，而胚乳中的铅积累量仅占33%。水稻籽粒米糠中的铜浓度大约是颖壳和精米的2倍，从积累量分布来看，颖壳、米糠和精米中铜积累量平均值分别占籽粒总积累量的12%、24%和64%。

### 2.水稻不同生育期重金属含量

水稻各器官重金属元素的分布也因不同生育时期而异。水稻根部重金属含量在秧苗期都很低，而在分蘖期根部积累的重金属迅速上升，达到最大，在随后的时间里，根部积累的重金属含量逐渐减少。水稻茎部积累的重金属在秧苗期含量很低，在分蘖期达到最大，到了拔节期时，茎部积累的重金属量迅速下降，随后茎部积累的重金属量又缓慢上升。水稻叶片对重金属积累的变化与茎部的变化大体相似，只是在拔节期以后叶片对重金属的积累没有像茎部那样有所增加，而是趋于稳定。

### 3.不同品种水稻重金属含量差异

从品种类型看，粳稻根中镉含量最高，而粳稻稻草中镉含量低于杂交稻和常规籼稻。在精米和稻谷中，常规籼稻的镉含量最高，常规粳稻最低，这说明粳稻根部对镉具有较强的富集能力，但其转运到茎秆和籽粒的能力不如籼稻和杂交稻。杂交籼稻对汞的富集能力最强，在汞污染土壤上，杂交稻精米中汞含量高于常规籼稻和粳稻。常规稻和杂交稻中砷含量较高，而茎叶中砷含量在不同类型水稻之间不存在显著差异。常规籼稻稻米和稻谷中的铅含量都显著高于粳稻和杂交稻，而在茎叶中不存在显著差异，说明不同基因型水稻品种在籽粒中富集铅的能力存在显著差异，这为选育稻谷中铅低积累水稻品种提供了理论依据。从相对生物量、重金属累积量、叶/根含量比值这些指标分析，水稻对不同重金属处理表现的耐性和累积重金属存在着差异，其中汕优63属于相对高积累水稻品种,武育粳3号属于相对低积累水稻品种。

**4.水稻重金属含量的环境、基因型及二者互作**

基因型、环境及基因型与环境互作对水稻籽粒中镉、铬、砷、镍、铅含量均具有极显著的影响。除铅、铬的环境效应最大外,其他三种重金属的基因型效应均明显大于环境效应,尤其是镉,基因型效应占主导地位,进一步证实了通过筛选和选育品种进而减少水稻籽粒镉、砷和镍等含量的可能性。研究发现,12个晚粳稻基因型间,均存在籽粒中镉、铬、砷、镍和铅含量的极显著差异,以镉为例,秀水52较春江101高4.40倍。通过筛选重金属低积累的基因型(亲本),创制和培育籽粒重金属低积累的环保型品种,可为轻中度重金属污染土壤上持续生产安全稻米提供一条经济、有效的途径(图8-1)。

图8-1 种植重金属低累积能力的粳稻可保障安全稻米生产

**5.杂交水稻品种**

不同的杂交水稻品种,重金属镉、锌和无机砷在糙米中的累积有一定的差异。不同杂交水稻糙米对镉的积累能力大小依次为特种稻>常规早籼稻>三系杂交晚稻>两系杂交晚稻>常规晚籼稻>常规粳稻>爪哇稻。三系杂交稻糙米中镉、铜含量极显著高于两系杂交稻。不同精米对镉的富集能力大小依次为常规籼稻>杂交籼稻>常规粳稻。糙米中镉含量不仅在品种间差异显著,而且在水稻的品种间也差异显著,即籼型、新株型和粳型3种类型水稻糙米对镉的积累能力有极显著的差异。具体来说,这3种类型水稻糙米对镉的积累能力大小依次为籼型>新株型>粳型,这说明在镉胁迫下,籼型水稻对镉有更强的吸收及向籽粒转运能力,新株型水稻品种次之,粳型最低。这给选育镉低积累品种指明了方向。

## 二 蔬菜品种

### 1.不同蔬菜种类对重金属的吸收与累积

一项有关5类7种蔬菜型作物(番茄、油冬菜、白菜、卷心菜、花椰菜、萝卜、玉米)对土壤中重金属积累效应的研究表明,对于铅的富集,蔬菜根中以卷心菜为最强,富集系数为1.25,其后分别为花椰菜、油冬菜、白菜、番茄、玉米和萝卜;可食部位对铅富集的能力依次为萝卜>3种叶菜类>花椰菜、番茄>玉米,这主要是因为萝卜的可食部位为根,是直接从土壤中吸收重金属的器官,其他蔬菜可食部位的重金属均由植株根系吸收经内部转运所致。对镉的富集能力,蔬菜根中依次为3种叶菜类、花椰菜>番茄>萝卜、玉米,蔬菜可食部位中依次为油冬菜、白菜>番茄>花椰菜、萝卜、卷心菜>玉米。

具体来说,瓜类蔬菜是低累积砷、铅和镉的蔬菜品种,茄果类是低累积砷、铅且高累积镉的蔬菜品种;青菜类和根茎类蔬菜则是相对高累积砷、铅和镉的蔬菜品种。在生产上可以根据具体的产地环境选择不同的蔬菜品种种植,以达到蔬菜安全生产的目的。

### 2.同一种类的不同蔬菜品种对不同重金属的累积

同一种类的不同蔬菜品种对不同重金属的累积量不同。同等条件下,黄瓜对镉的累积量大于长瓜和丝瓜,而对汞的累积量则是丝瓜>黄瓜>长瓜。同为茄果类蔬菜,茄子对砷的累积量高于辣椒和番茄,而番茄对汞的累积量则高于茄子和辣椒。青菜是对各种重金属都高累积的品种,其对镉、铅、砷、汞4种重金属的累积量均高于其他类型的蔬菜。根茎类蔬菜中的萝卜与莴笋相比,萝卜更易累积铅,而莴笋更易累积镉。

### 3.不同蔬菜重金属吸收累积系数的动态聚类

通过对从8个具代表性的菜园采集的19种蔬菜32个样本分析测试可知,在潮褐土镉、铅、锌污染区,根据蔬菜可食部分镉、铅、锌吸收累积的特点,大致可将不同蔬菜分别归为低度、中度、重度和极重度累积类型。胡萝卜、茄子、芥菜、丝瓜、番茄、辣椒属低度累积型,受污染较轻,在发展蔬菜时应作为优先考虑种植的对象;白萝卜、菜花、莴苣、大葱、小白菜、韭菜为中度累积型，在重金属污染较轻的地块发展蔬菜时可以考虑种植；芹菜、茴香、香菜、圆白菜、蓬蒿属重度累积型，在重金属污染区应避免种植；白菜、油菜可归为极重度累积型，在重金属污染区应禁止或避免种植。但是，因为这类蔬菜对土壤中镉、铅、锌污染比较敏感，所以可作为土壤重金属污染研究的指示植物。

**4.野生蔬菜对不同重金属元素的富集能力**

野生蔬菜对不同重金属元素的富集能力各不相同。其中，蒲公英对不同重金属元素富集能力由大到小的顺序为镉>锌>铜>铅，野三七对不同重金属元素富集能力由大到小的顺序为镉>锌>铜>铅，水芹对不同重金属元素富集能力由大到小的顺序为锌>铜>镉>铅，马兰对不同重金属元素富集能力由大到小的顺序为锌>铜>镉>铅。4种野生蔬菜对铅的富集能力最小，但铅的超标率最高，说明铅污染比较严重。4种重金属元素中，铜被4种野生蔬菜富集的大小顺序为野三七>水芹>蒲公英>马兰，锌被4种野生蔬菜富集的大小顺序为野三七>水芹>蒲公英>马兰，铅被4种野生蔬菜富集的大小顺序为蒲公英>野三七>水芹>马兰，镉被4种野生蔬菜富集的大小顺序为野三七>蒲公英>水芹>马兰。马兰被重金属污染的可能性较小。一些新开发的野生蔬菜对不同重金属的富集能力也各不相同：守宫木、积雪草有较强的镉富集能力；铅含量都没有超过国家标准限值，但扭序花的铅含量接近国家标准限值。所以，新开发的野生蔬菜在没有经过严格的食用安全性评价鉴定之前不宜推广种植和上市销售，常食用的野生蔬菜也应进行进一步的食用安全性评价鉴定。

## ▶ 第五节　重金属复合污染土壤的原位钝化/固定修复

整体而言，土壤重金属污染往往表现为多种重金属的复合污染。由于复合污染土壤的重金属之间通常发生交互作用，一方面导致污染土壤的生态毒性发生变化，另一方面影响污染物的赋存状态及生物可利用性，为土壤重金属污染治理与修复技术的应用带来了困难。因此，基于工矿区周边农田重金属复合污染土壤的不同特点开展的修复技术和机制研究,不仅是当前国际资源与环境研究领域的热点问题,也是我国实施可持续发展战略应优先关注的问题之一。

重金属污染土壤修复技术可分为两类:一是利用各种手段削减土壤重金属总量;二是通过改变重金属在土壤中的存在形态,降低其在土壤中的移动性和生物有效性,原位化学钝化技术和微生物修复是主要代表。污染土壤重金属原位化学钝化修复是指向污染土壤中添加一种或多种活性物质(钝化修复剂、改良剂),如黏土矿物、磷酸盐、有机物料和微生物等,通过调节土壤理化性质以及沉淀、吸附、络合、氧化-还原等一系列反应,改变重金属元素在土壤中的化学形态和赋存状态,降低其在土壤中的可移动性和生物有效性,从而降低这些重金属污染物对环境受体(如动植物、微生物、水体和人体等)的毒性,达到修复污染土壤的目的。如表8-3所示为重金属污染土壤修复剂分类。鉴于土壤重金属污染常常涉及面积很大,各种工程修复措施的成本过高,因此发展原位钝化方法是目前中轻度污染土壤修复的较好选择。原位钝化修复技术是一种经济高效的面源污染治理技术,符合我国现阶段可持续农业发展的需要。下面简要介绍几种土壤原位钝化/固定修复技术。

表8-3  重金属污染土壤修复剂分类

| 分类 | 名称 | 重金属 | 修复机制 |
|---|---|---|---|
| 硅钙物质 | 硅酸钠、硅酸钙、硅肥、钢渣、石灰、石灰石、碳酸钙镁、棕闪粗面岩 | 锌、铅、镍、铜、镉 | 减缓重金属对植物生理代谢毒害;通过提升土壤pH增加土壤表面电荷,增强对重金属的吸附;或形成重金属沉淀 |
| 含磷物质 | 羟基磷灰石、氟磷灰石、磷矿粉、磷酸盐、磷酸、钙镁磷肥、骨粉 | 铅、镉 | 诱导重金属吸附,矿物表面吸附重金属或与重金属形成沉淀 |
| 有机物料 | 有机堆肥、城市污泥、畜禽粪便、作物秸秆、腐殖酸、胡敏酸、富里酸、泥炭 | 铜、锌、铅、镉、铬、镍 | 形成难溶性的重金属有机络合物,或通过增加土壤阳离子交换量来增强对重金属的吸附 |
| 黏土矿物 | 海泡石、凹凸棒土、蛭石、沸石、蒙脱石、坡娄石、膨润土、硅藻土、高岭土 | 铅、铜、锌、镉、镍 | 通过矿物表面吸附、离子交换固定重金属 |

续表

| 分类 | 名称 | 重金属 | 修复机制 |
|------|------|--------|----------|
| 金属及金属氧化物 | 零价铁、氢氧化铁、硫酸亚铁、硫酸铁、针铁矿、水合氧化锰、锰钾矿、水钠锰矿、氢氧化铝、赤泥、炉渣 | 砷、铅 | 通过表面吸附、共沉淀实现对重金属的固定 |
| 生物质炭 | 秸秆炭、无泥炭、骨炭、黑炭、果壳炭 | 铅、铜、锌、镉、砷 | 生物质炭表面的吸附作用,表面基团的配位和离子交换作用 |
| 新型材料 | 介孔材料、多酚物质、纳米材料、有机无机多孔杂化材料 | 铅、铜、镉、铬 | 表面吸附、表面络合、晶格固定 |

## 一　硅钙物质

　　硅钙物质会提升土壤pH,既可增加土壤表面负电荷,促进土壤对重金属阳离子的吸附;也可以形成重金属碳酸盐、硅酸盐沉淀,降低土壤重金属的迁移性和生物有效性。试验表明,碳酸钙的添加不仅显著提高了土壤pH,而且显著降低了土壤中交换态铅、镉、锌和砷的含量。但对于重金属和砷复合污染的稻田土壤,碳酸钙仅能在一定程度上减少水稻对重金属的吸收,并没有明显减少水稻对砷的吸收。试验还表明,随着氧化钙施用量的增加,水稻糙米镉含量逐渐降低,氧化钙施用后水稻糙米镉含量比对照降低26.3%。氧化钙和碳酸钙除钙效应外还存在pH效应。

　　施用硅肥能够抑制水稻对镉的吸收,并且随硅肥施用量增加,其抑制作用有增强趋势。硅与重金属作用的机制是硅提高了土壤的pH,其内的硅酸根可与土壤中镉、铅、汞等重金属发生化学反应,形成不易被吸收的硅酸盐沉淀,从而抑制重金属镉等的活性。硅与植物体内某些介质结合可抑制或减缓镉的吸收、运输和积累,诱导某些镉解毒机制,在一定程度上影响重金属(如镉等)在植物体内的迁移和累积。

　　钢渣是炼钢过程中产生的副产品,占粗钢产量的12%~20%,其主要成分有氧化钙、氧化镁、二氧化硅和氧化铁等。钢渣产量大,价格低廉,土壤中钢渣的施加显著降低了其上种植的水稻体内各部分重金属的含量。土壤中钢渣改良剂的施加不仅改变了其上种植的水稻体内的重金属浓度,还改变了重金属由地下部向地上部的转运比例。作为一种碱性富硅物质,钢渣是一种潜在的重金属污染农田改良剂。

## 二 含磷物质

含磷物质是一类应用广泛的重金属污染土壤修复剂,主要包括羟基磷灰石、氟磷灰石、磷矿粉、磷酸盐、磷酸、钙镁磷肥、骨粉等。利用含磷物质修复重金属污染土壤主要集中在对铅的固定上,土壤中各种形态的铅经磷诱导后,转变为稳定性更高的磷酸铅,降低了铅的生物有效性。含磷矿物中的磷肥、羟基磷灰石和磷矿粉等能有效固定水和土壤中的重金属,相比较而言,磷矿粉去除重金属的效率比合成的羟基磷灰石(或者磷肥)稍低。自然界中低品位的磷矿粉价格低廉、易得,我国中低品位的磷矿资源储量大,作为低成本的吸附剂处理污染介质有很好的应用前景。比较而言,磷矿粉比活化磷矿粉对铜污染土壤作用稍好。钙镁磷肥、钙镁磷肥+泥炭和钙镁磷肥+猪粪对提高作物产量均有显著效果,经含磷物质修复的土壤,大部分能抑制水稻、花生对镉、铅的吸收。

## 三 黏土矿物

黏土矿物是一类环境中分布广泛的天然非金属矿产,主要包括海泡石、凹凸棒石、蛭石、沸石、蒙脱石、坡娄石、膨润土、硅藻土、高岭土等。黏土矿物结构层带电荷、比表面积相对较大,主要通过吸附、配位反应、共沉淀反应等作用,减少土壤溶液中的重金属离子浓度和活性,达到钝化修复的目的。黏土矿物钝化修复土壤重金属污染具有不同于其他修复技术的优点,如原位、廉价、易操作、见效快、不易改变土壤结构、不破坏土壤生态环境等,同时还能增强土壤的自净能力。

## 四 有机物料

有机物料不仅可作为土壤肥力改良剂,也是有效的土壤重金属吸附、络合剂,现在已被广泛应用于土壤重金属污染修复中。有机物料主要通过提升土壤pH、增加土壤阳离子交换量、形成难溶性金属有机络合物等方式来降低土壤中重金属的生物可利用性。作为有效的重金属络合剂,有机物料可通过形成不溶性金属-有机复合物、增加土壤阳离子交换量、降低土壤中重金属的水溶态及可交换态组分等方式降低其生物有效性。

## 五 生物质炭

生物质炭指生物质在缺氧或无氧条件下热裂解得到的一类含炭的、稳定的、高度芳香化的固态物质,农业废物如秸秆、木材及城市生活有机废物如垃圾、污泥等都是制备生物质炭的重要原料。生物质炭具有较大的孔隙度、比表面积,表面带有大量负电荷和较高的电荷密度,能够吸附大量可交换态阳离子,是一种良好的吸附材料。同时,生物质炭含有丰富的土壤养分元素氮、磷、钾、钙、镁及一些微量元素,施到农田后,不仅可修复治理镉污染土壤,而且可以增加土壤有机质、提高土壤肥力,促进作物增产。

## 六 纳米材料钝化修复剂

钝化修复剂可与重金属污染物接触后再通过各种反应降低重金属的生物有效性和毒性,纳米技术可通过增大钝化修复剂的比表面积与重金属充分接触,有效提高钝化修复剂的钝化效果,同时显著减少钝化修复剂的施入量,避免不良环境效应的产生。纳米材料钝化技术有望在未来的研发和应用中受到重视。纳米修复剂材料主要包括纳米型(黏土)矿物(如纳米蒙脱土、纳米高岭土、纳米羟基磷灰石、纳米磷矿粉等)、碳质纳米材料(如$C_{60}$材料、单束碳质纳米管等)、金属氧化物(如氧化锌、氧化铁、四氧化三铁、二氧化铬及二氧化钛等)、零价金属材料(如零价铁、银等)以及各种纳米型聚合物(如化学传感器、DNA芯片等)、半导体材料(如各种纳米晶粒材料、量子点等)。无机纳米颗粒类修复剂具有巨大的微界面,对土壤中的污染重金属离子具有极强的吸附作用,这种强吸附作用对降低污染土壤中重金属离子的迁移、转化及其生物有效性将发挥十分重要的作用。

## （七）组合修复技术

在实际应用中,不同钝化修复剂对于不同种类和性质重金属的钝化效果存在一定的差异,因而其对重金属具有一定的选择性。对于复合污染土壤而言,单一的钝化修复剂很难达到修复应用的标准。组合修复技术是指通过优化组合各种修复技术和措施,使之达到最佳效果和最低耗费的一种综合的环境污染修复方法。相对于单一修复方法而言,组合修复技术能最大限度固定土壤中的重金属。现在,组合修复技术以其投资省、周期短、操作程序简单等优点越来越受到关注。稳定性强、副作用小和适用性广的组合修复技术可以为重金属污染农田的修复提供坚实的技术保障,具有十分重要的现实意义和推广意义。

综上所述,重金属污染农田的修复治理以及农产品中重金属吸收和累积的降低,需要形成以重金属原位钝化/固定修复技术、低累积作物品种的筛选和农艺调控技术的优化为核心的组合修复技术体系并示范推广。

## ▶ 第六节　重金属污染土壤生物修复

## 一　微生物修复

微生物修复是一种环境友好、成本低的治理技术,具有较好的发展前景。微生物通过自身代谢影响土壤微生物的迁移率,改变土壤重金属离子价态,减少重金属毒害作用以达到修复农田土壤的目的。土壤绝大多数细菌具有很好的酶降解系统,能够有效降解受污染土壤中的酶,使土壤形态特征发生变化,最终达到修复效果。常用的细菌微生物主要有芽孢杆菌、弗兰克菌、球菌等。真菌微生物中的丛枝菌根、黑曲霉、球囊霉等常被用于研究耐受重金属。丛枝菌根真菌既可促进植物对重金属的富集,也能够吸附土壤中重金属元素,有效降低土壤中重金属含量。许多微生物如枯草芽孢杆菌、蜡样芽孢杆菌已被分离出来并发现对铬(Ⅵ)污染土壤有良好的修复效果。芽孢杆菌因具有生长快、表面积大、对环境要求低、抗逆性强等优势,在重金属污染治理中得到了广泛的应用。芽孢杆菌主要包括枯草芽孢杆菌、蜡样芽孢杆菌、地衣芽孢杆菌、巨大芽孢杆菌等,其主要修复机制有生物溶解与沉淀、生物吸附与富集以及生物转化等。在重金属胁迫的条件下,芽孢杆菌产生大量的胞外分泌物,分泌物的阴离子基团与重金属通过络合、螯合等多种方式结合形成沉淀物,降低重金属的生物毒性。生物吸附与富集通过细胞表面的官能团、聚合物等对重金属吸附后,由细胞的转运系统将重金属运送入细胞,被细胞代谢物吸附、固定形成重金属累积效应。生物转化作用是指细胞通过氧化还原、甲基化和去甲基化以及生物矿化等作用改变重金属离子的溶解性、迁移性以及毒性,将高毒态转化为无毒态或低毒态,从而实现对重金属解毒的过程。

采用微生物与其他修复技术联合的方式,可以增强农田土壤重金属污染修复效果。生物炭–藤黄微球菌复合材料修复铬(Ⅵ)污染土壤,能有效降低土壤中铬(Ⅵ)含量,对玉米的促生效果显著。光合细菌球形红细菌H菌株和生物炭联合修复作用明显,可使土壤中铬的生物可利用性和毒性大幅度下降,土壤酶活性显著升高,并且当菌株添加量为$10^8$CFU/g[①]、生物炭添加量为1%时,修复效果最好,且对小白菜具有较好的促生效果。黑曲霉属于典型的解磷真菌,其在生长代谢中可以产生以草酸为主要成分的有机酸,混施骨炭和黑曲霉对黄棕壤中铅固定效果比单独施用效果稍好,有效铅含量降至14.36毫克/千克,且培养后黑曲霉仍保持活性,验证了复合材料的修复潜力。种植早熟禾时,枯草芽孢杆菌能够阻隔早熟禾吸收镉,显著提高生物量,增加土壤酶活性,降低土壤有效态镉含量,并且将土壤中总镉的去除率提高约49%;枯草芽孢杆菌能够促进紫花苜蓿吸收镉,显著提高生物量,增加土壤酶活性、微生物物种多样性以及有效态镉含量,并且将土壤中总镉去除率提高约140%。

---

① CFU/g指每克细菌菌落总数。CFU是colony forming unit的缩写,意为"菌落形成单位"。

## 二 植物修复

植物修复技术是指利用超富集植物对重金属的超累积能力,将重金属从土壤中转移到植物的地上部分,然后再对植物的地上部分进行收割处理,从而达到修复土壤的目的。植物修复技术与其他修复技术相比,具有治理成本低、易实施、修复后的土壤利用率高、绿色无污染等优势。植物修复技术关键在于筛选适宜的富集植物,有研究发现,针对镉污染土壤的甘蓝型油菜、籽粒苋、紫花苜蓿、伴矿景天、黑麦草、蓖麻、东方香蒲等是适宜的富集植物;东南伴矿景天、东方香蒲、紫花苜蓿、黑麦草等植物可同时对多种重金属进行修复。复合重金属污染农田土壤修复示范结果显示,对土壤中镉的去除率顺序为黑麦草>籽粒苋>伴矿景天>甘蓝型油菜>蓖麻>东方香蒲,对土壤中铜的去除率顺序为甘蓝型油菜>黑麦草>伴矿景天>籽粒苋>蓖麻>东方香蒲,对土壤中铅的去除率顺序为伴矿景天>黑麦草>蓖麻>甘蓝型油菜>东方香蒲>籽粒苋。此外,黑麦草、籽粒苋、伴矿景天、甘蓝型油菜、蓖麻等对镉、铜、铅还有较好的富集特性。

低分子有机酸可强化植物修复效果。低分子有机酸主要有乙酸、乌头酸、醛酸、抗坏血酸、苯甲酸、丁酸、柠檬酸、甲酸、戊二酸、乙醇酸、乳酸、苹果酸、丙二酸、草酸、丙酸、丙酮酸和酒石酸等。此外,还包括特殊的有机酸,如含羧基的植物生长调节剂(吲哚乙酸等)、氨基酸(天冬氨酸、甘氨酸、谷氨酸等)和糖酸(葡萄糖酸、葡萄糖醛酸、半乳糖醛酸、2-酮葡糖酸等)。低分子有机酸可调控根茎叶发育,增加植物生物量,强化植物富集效果。柠檬酸的施加可使高羊茅根部和枝条对镉的吸收和累积分别提高3.0倍和2.3倍;外源施用乙酸时,能显著提高甘蓝型油菜根部镉的含量,增强其对镉的富集效果。适当施加外源低分子有机酸能提高抗氧化酶活性,减轻活性氧积累,提高植物抗氧化性,使其在重金属胁迫下保持良好的生长状态,改变根际土壤性质,提高根际微生物活性,促进对重金属的吸收。通过吸附和沉淀作用,低分子有机酸能与土壤固相发生较强的亲和作用,促进植物对重金属的吸附作用,降低土壤中重金属浓度,改变重金属形态,减轻重金属毒性,提高转运效率。适当施加低分子有机酸可改变土壤中镉的形态分布,提高活化效果,强化植物体内镉的生物积累,显著提高超富集植物的重金属转运效率。